KB049011

케미스토리

CHEMISTORY

일상에서 만나는 화학에 대한 오해와 진실

케미스토리

생각의힘

서문

무분별하게 퍼지는 부정확한 정보들

정보의 홍수시대이다. 예전에는 TV나 신문지를 펼쳐야만 정보를 얻을 수 있었지만, 요새는 핸드폰을 통해 누구나 쉽고 빠르게 정보를 획득할 수 있는 시대가 되었다. 원하는 정보가 없다면 포털 사이트에 질문을 올리고, 친절한 답변이 달리는 걸 기다리기만 하면 된다. 또 유튜브나 페이스북 등의 SNS를 통해서도 온갖 정보들이 다양한 형태로 쉽게 제작되어 배포되고 있다. SNS를 기반으로 생산된 정보들이 언론사에 의해 관련 기사로 작성되기도 하며, 때론 그 반대로 기사를 기반으로 SNS 콘텐츠가 제작되어, 정보가 빠르게 유통되기도 한다.

이런 상황이다 보니, 상반된 내용의 기사들도 쉽게 접할 수 있다. 예를 들어, 한 물질이 어떤 기사에는 위험하다고 다뤄져 있는데, 다른 기사에는 안전하다고 기재되어 있는 식이다. 이처럼 인터넷을 통해서 각종 정보를 쉽게 접할 수 있는 세상 속에

살고 있지만, 그만큼 부정확한 정보가 무분별하고 매우 빠르게 사람들의 머릿속에 심어지기도 쉬운 환경이 되었다는 것은 매우 우려스러운 일이다. 특히 건강에 대한 관심이 점점 높아지면서, 그 전에는 무심코 지나갔던 괴담 같은 잘못된 정보들이 다시 수면으로 떠오르기도 한다.

대표적인 예로는 잔류농약 이슈가 있다. 과일 등의 잔류농약은 세척이 잘 되지 않아서, 우리 몸을 무척 해롭게 한다는 것이다. 그러나 잔류농약은 우리 몸에 들어오면 대다수는 변을 통해 체외로 배출된다. 지속적으로 노출됐을 때 인지능력장애를 유발할 가능성이 있는 일부 농약들도 있기는 하다. 그렇지만 현재 사용하는 농약들은 물에 아주 잘 녹기 때문에, 수돗물만으로도 충분한 세척효과를 볼 수 있다. 정 불안하다면, 1종 주방세제(과일 세척 가능)나 베이킹 소다, 식초, 소금을 사용하여 세척하면 된다. 참고로 흐르는 물보다 물에 담가 놓는 것이 더 세척효과가 좋다. 물에 오래 담가 놓으면 껍질의 섬유조직이 유연해지기 때문에, 세척할 때 손으로 비비기만 해도 농약을 쉽게 제거할 수 있다.

또 다른 잘못된 정보로는 전자레인지가 발암물질을 만들어낸다는 괴담이 있다. 그러나 전자레인지는 마이크로파를 방출하여 물 분자를 진동시킴으로써 열을 발생시킬 뿐이다. 물 분자가 진동한다고 해서, 발암물질이나 유해한 화학물질로 변하지는 않는다.

종이컵 괴담도 있다. 종이컵에 뜨거운 물을 부으면, 내부에 코팅된 화학물질이 벗겨지면서 환경호르몬과 같은 유해물질이 나온다는 것이다. 실제로 저밀도 폴리에틸렌low-density polyethylene, LDPE이라는 화학물질로 코팅되어 있기는 하지만, 이 물질은 100℃의 물에도 쉽게 벗겨지지 않는다. 설령 일부 벗겨져서 섭취하게 되더라도 체내에서 분해되거나 흡수되지 않고 변으로 배출된다. 종이컵 사용의 위험성을 생각하는 것보다 차라리 종이컵을 태우거나 묻어서 생기는 환경적 문제를 고민하는 게 더 바람직하다.

이처럼 때로는 완전히 잘못된 정보가 쉽게 퍼지기도 하고, 때로는 진실과 거짓이 교묘하게 섞여서 가공되기도 한다. 일반 소비자가 이를 정확하게 판단하기는 어렵다. 신뢰할 만한 정보를 찾는 것은 시간과 노력을 많이 들여야 하는 일이며, 직접 실험을 해보기도 어렵다. 따라서 이 책을 통해 우리의 생활에 특히 밀접하지만 잘못 알려진 정보들을 바로잡고자 하였다. 과학적으로 깊이 있게 접근하다 보면, 우리가 뉴스를 통해 유해하다고, 혹은 안전하다고 들었던 물질에 관한 확신을 얻을 수 있을 것이다.

차례

2장 우리의 음식, 안전한 걸까?

3장 우리의 쉴 곳, 편안한 걸까?

1장

우리의 피부, 괜찮은 걸까?

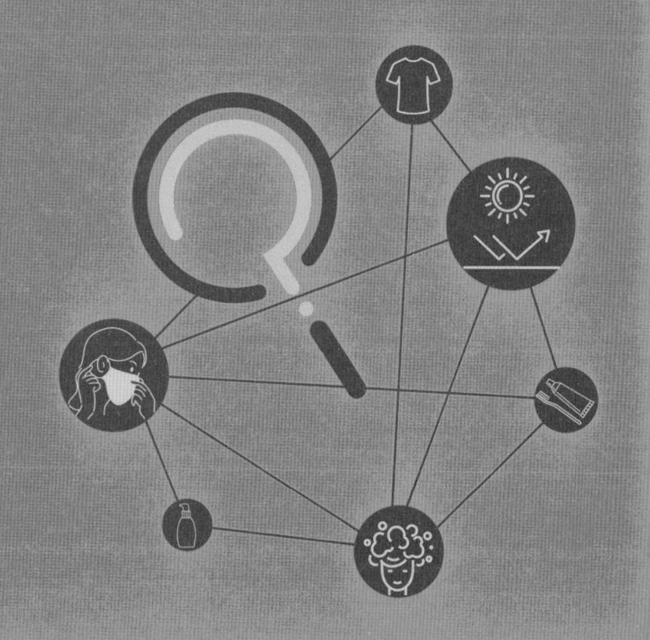

01

마스크 속 형광증백제

COVID-19가 세상을 덮치고 난 뒤 마스크는 이제 생활필수품이 되었다. 마스크 없이는 사실상 어느 실내도 입장이 불가능하기 때문에, 마스크를 착용하지 않으면 허전한 느낌마저 든다. 다행히도 세계적으로 백신보급이 진행됨에 따라, 곧 마스크를 벗을 것이라는 기대감이 드는 것도 사실이다. 하지만 과연 백신이 모두에게 보급된다고 하더라도 마스크 없는 삶을 살 수 있을까?

불행히도 그렇지 않을 가능성이 높다. COVID-19 팬데믹이 해결된다 하더라도, 비말을 통해서 바이러스에 쉽게 감염될 수 있다는 것이 명약관화되었기 때문이다. 지하철이나 버스뿐만 아니라 사람들이 많이 모여 있는 실내라면, 일상적으로 마스크를 착용하게 될 가능성이 높다. 실제로 COVID-19 때문에 마스크를 착용하고 난 뒤, 환절기마다 감기를 달고 살던 사람들이

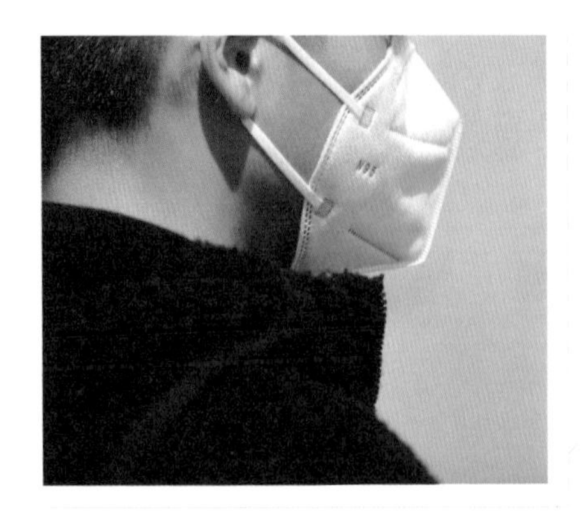

하얀 마스크를 너무나도 일상적으로 찾아볼 수 있다.

감기에 걸리는 경우가 확 줄었다고 말하는 경우가 흔하다. 따라서 향후 팬데믹이 해결된다 하더라도, 마스크는 이제 옷처럼 입고 다니는 아이템의 일부로 자리 잡을 수도 있다.

형광증백제 관리의 필요성

안타깝게도 여기서 불편한 진실에 마주해야 한다. 바로 일반 마스크에는 많은 경우에 형광증백제가 사용되고 있다는 사실이다. 형광증백제는 자외선을 흡수해서 청자색을 냄으로써, 섬유의 황색과 보색이 되어 하얗게 보이도록 역할을 하는 물질이다. 형광증백제는 장시간 피부에 닿으면 아토피 피부염을 비롯한 알레르기성 접촉성 피부염, 피부 발진 등을 일으킬 수 있다고 알려져 있다. 뿐만 아니라 몸속에 유입되면, 간과 신장 기능을 떨어뜨리고, 면역체계에도 문제를 일으킬 수 있다는 연구결과도 있다.

이런 형광증백제를 머금고 있는 마스크가 피부와 오랫동안 접촉한다는 게 사태를 악화시킨다. 게다가 입술에도 쉽게 닿는데, 입술에 묻은 침에 의해 마스크의 형광증백제가 묻어 나올 수 있다. 직접적인 침이 아닌 마스크 내의 습도도 문제가 된다. 여러분들도 마스크를 오래 쓰고 나면, 안쪽이 축축히 젖어 있는 것을 많이 겪어봤을 것이다. 우리가 내뱉는 날숨에는 수증기가 포함돼 있기 때문에, 시간이 지나면 마스크 내부가 젖게 된다.

침이 묻거나, 물에 젖거나, 마스크 내부의 습도가 높아질수록 마스크 섬유의 고분자 조직이 유연해진다. 그러면서 형광증백제가 더욱 빠져나오기 쉬운 환경이 만들어진다. 결국 우리 몸으로 유입될 가능성이 무척 높아지는 것이다. 이런 우려 때문에 마스크는 일회용인 상품이 많다. 그러나 팬데믹 초기의 마스크 대란을 겪으면서, 마스크를 여러 차례 사용하는 게 당연한 사용법으로 자리 잡았다는 게 문제이다.

마스크 내의 형광증백제가 단순한 호흡만으로 떨어져 나와서 호흡기로 들어오는 것에 대해서는 아직까지 실험결과가 없다. 하지만 다행히도 호흡하는 힘을 통해 형광증백제가 떨어져 나올 가능성은 거의 없다고 봐도 무방하다.

그럼 정부제도의 관리감독에 대해 궁금할 사람들이 많을 것이다. 지금은 '전이성 시험'이라는 것을 통해 검출되지 않는다면 그냥 통과시켜준다. 그런데 전이성 시험은 형광증백제의 존재 여부를 확인하는 시험법이지, 피부로 전이됐는지를 판단하는 시험법이 아니다. 게다가 전이성 시험은 의약외품으로 취급되는 마스크에 대해서만 실시하므로 패션 마스크나 면 마스크와 같은 공산품에는 형광증백제가 얼마나 함유되었는지는 확인할 방법이 없다. 심지어 공산품 마스크는 의류품목으로 분류돼, 형광증백제에 대한 규정 자체가 없는 상황이다.

형광증백제에 노출되는 양이 미량이면 괜찮을 것이라는 생각이 들 수도 있다. 하지만 갑 티슈에도 사용을 금지하는 것만 봐도, 위험성을 내포하고 있다는 방증이 된다. 피부에 닿거나 혹시라도 입에 들어가면 문제가 되기 때문에, 화장실용 휴지 외에는 사용을 금하고 있는 것이다. 유해한 물질이라면 소량이라 하더라도 지속적으로 유입될 때 어떤 식이든 문제를 일으키기 마련이다. 관련된 규정 마련은 기본이고, 공산품이라 하더라도 이렇게 지속적으로 피부에 접촉하는 제품은 관리가 필요하다. 사용하는 사람들도 역시 특별한 주의를 기울여야 한다.

02

선크림, 얼마나 안전한가?

피부에 관심이 없는 사람이 있을까? 요새는 남녀노소 할 것 없이 피부에 관심이 많다. 화장품은 여성의 전유물이라는 인식은 옛날 얘기이고, 남성 화장품 시장이 급성장 중인 것을 보면, 피부는 모든 이들의 관심사인 듯하다.

피부의 적은 자외선이라는 말이 있듯이 자외선이 피부에 안 좋다는 것은 이제는 하나의 상식이 된 사실이다. 그래서 여름철이나 한낮에 외출할 때 혹은 해수욕을 즐길 때는 소위 '선크림'을 얼굴이나 노출된 살에 발라줘야 한다는 것은 누구나 알고 있으며, 실제로 많은 이들이 실천하고 있다.

선크림의 원리

선크림은 어떻게 자외선을 차단할 수 있는 것일까? 선크림을

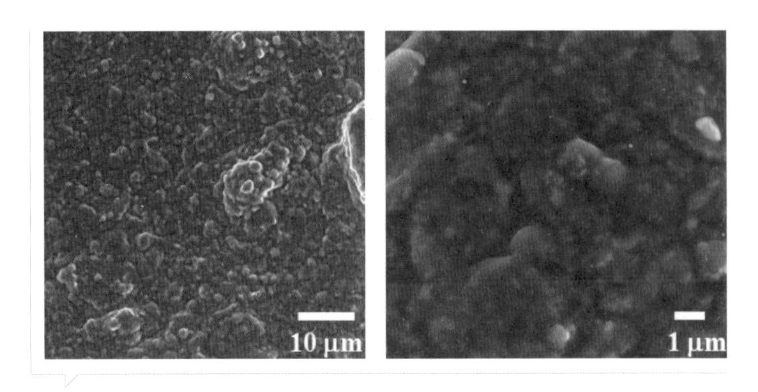

선크림의 작은 알갱이들이 자외선을 차단하여 피부의 손상을 막아준다.

특수현미경으로 관찰한 사진을 보면 무언가 알갱이들이 보이는 것을 확인할 수 있다. 바로 선크림에 포함된 타이타늄 다이옥사이드(TiO_2) 또는 산화 아연(ZnO) 등의 입자들이다. 이 성분들은 우리가 사용하는 선크림의 성분표에서 쉽게 발견할 수 있다.

이 성분들은 자외선을 직접 반사하고, 산란시키는 물리적 차단제이다. 만약 성분표에 이런 것이 적혀있지 않다면 자외선을 물리적으로 차단하는 것이 아니라, 흡수해서 세기를 약화시키는 화학적 차단제가 사용된 것이라고 보면 되겠다. 피부자극적인 측면에서는 화학적 차단제보다 물리적 차단제가 상대적으로 더 안전하지만, 입자 덩어리들 때문에 피부가 하얗게 뜨는 미관상의 단점이 있다.

물리적 자외선차단제와 화학적 자외선차단제 비교

	물리적 자외선차단제 (무기화합물 자외선차단제, 무기자차)	화학적 자외선차단제 (유기화합물 자외선차단제, 유기자차)
원리	자외선을 직접 반사시키거나 산란	자외선을 흡수하여 소멸
성분	타이타늄 다이옥사이드, 산화 아연 등	옥시벤존, 아보벤존, 옥틸메톡시신나메이트 등
장점	적은 피부 자극 뛰어난 유지력	하얗게 뜨지 않고 발림성이 좋음
단점	하얗게 뜸 모공을 막기 쉬움	예민한 피부에 자극

선크림, 피부에 양보하세요

그렇다면 물리적 자단제는 무조건 안심하고 써도 되는 것일까? 해수욕장에서 선크림을 바르는 사람들을 관찰해보자. 부모가 선크림을 손에 묻힌 뒤 자녀의 얼굴에 곱게 펴 발라주거나 연인끼리 서로 발라주는 모습, 스스로 손에 묻혀 얼굴에 펴 바르는 모습을 심심치 않게 볼 수 있다. 그 다음에는 어떤 일이 벌어지는가? 그리고 손을 씻는 사람을 찾기란 너무 어렵다는 것을 쉽게 알 수 있을 것이다. 바닷물에 들어가서 손을 씻는 사람을 소수 관찰하기는 하였다.

피부에 발라서 괜찮은 것이니 먹어도 된다고 생각하는 사람들이 너무 많다는 점은 매우 불편한 사실이다. 저렇게 손에 선크림을 묻히고 있다가 나중에 무언가를 집어먹기라도 하면 선크림을 먹게 되는 것이다. 좀 더 정확하게 얘기하면 타이타늄 다이옥사이드를 먹는 것이다.

그럼 타이타늄 다이옥사이드의 독성은 어떨까? 실험용 쥐rat에게 250mg/m^{3}을 1일 6시간으로 2년 동안 간헐적으로 흡입시켰더니 폐암이 발생한 연구결과가 있고, 또 다른 연구결과에서는 실험용 쥐에게 10mg/m^{3}을 1일 18시간으로 2년동안 간헐적으로 흡입시켰더니 역시 폐암을 일으킨다는 연구결과가 있다. 이렇게 장기간 많은 양을 흡입시켰을 경우 폐암이 발생할 수 있다는 연구결과가 있기 때문에 세계보건기구WHO 산하의 국제암연구소IARC에서도 타이타늄 다이옥사이드를 2B군의 발암물질로 규정하고 있는 것이다. 여기서 2B란 인체 발암성 가능물질Possibly carcinogenic to humans을 의미하는 것이다.

물론 선크림을 피부에 바르거나 먹을 수는 있지만, 코로 흡입하는 것은 아니다. 비염환자들 중에서 수시로 코를 후비는 사람들의 경우에는 선크림을 바른 손을 특히 조심해야겠지만, 일반적으로는 코로 흡입할 가능성은 크게 걱정하지 않아도 되겠다. 그러나 자외선 차단제나 염료 등에 널리 사용되는 타이타늄 다이옥사이드 제조업체 사람들의 경우에는 코로 흡입할 가능성이 매우 높다. 따라서 현장에서 일하는 사람들은 당연히 그에 맞는 안전장비(고성능 방진 마스크 등)를 필수적으로 착용해야 할 것이다.

그럼 먹었을 때의 안전성은 괜찮은 것일까? OHSOccupational Health and Safety의 물질안전보건자료MSDS에 따르면 실험용 생쥐mouse와 실험용 쥐에게 50000 및 25000ppm[※]을 103주 동안 먹인 결과, 독성의 증거는 나타나지 않았다고 하는 것으로 보아 크게 염려할 수준은 아닐 수 있다. 그러나 쥐에게 60000ppm 정도의 과량을 먹였을 경우에는 위장관 변화와 설사 등의 증세가 나타났기 때문에 마냥 안심할 수만은 없다.

게다가 선크림에는 타이타늄 다이옥사이드만 있는 것이 아니다. 이런 독성결과들이 다른 다양한 물질과 같이 있을 때의 테스트 결과는 아니라는 점을 명심해야 한다. 따라서 실험용 쥐에게 60000ppm 정도의 과량에서 문제가 나타났다고 해서 그 전까지는 괜찮을 것이라고 생각하면 오산이다. 다른 화학물질과 같이 공존할 때는 훨씬 더 적은 양에서 독성이 나타날 수도 있기 때문에 기본적으로 조심하는 것이 맞다. 회사마다 선크림에 사용하는 화학성분들이 다르고, 각각 성분들이 섞여있을 때의 인체독성 테스트까지는 이뤄지지 않았기 때문에, 이 점은 절대 잊지 말아야 한다. 선크림을 바르고 손은 꼭 씻자!

※ ppm: parts per million(백만 분의 일)의 약자로, 약품 1kg에 1mg이 포함되었을 때 1ppm이다.

03

새 옷, 빨아 입어요

요새 화학제품에 대한 불신 및 공포의 확산으로 인해서 여러 방송국에서 필자에게 화학 관련 자문을 많이 요청하는 편이다. 기억에 남는 자문 요청 중 하나는 '새 옷을 입으면 왜 피부 트러블이 일어나는가?'였다. 새 옷이면 말 그대로 새 제품이기 때문에 사람들은 가장 안심하다고 생각하여 접근하기 쉽다. 그런데 피부 트러블이라니!

새 옷 속의 폼알데하이드

<TV조선 뉴스 판>의 '진짜 정보를 찾는 남자' 코너에서도 실험 요청이 들어와 바로 테스트를 해보았다. 울 성분의 새 스웨터를 특정 용매solvent에 담가서 스웨터 내의 일부 성분을 추출하였다. 이 추출된 용액에 특정 검출 시약을 떨어뜨리는 방식으

로 분석했는데, 새 옷에서 폼알데하이드formaldehyde 성분이 검출된 것을 확인할 수 있었다. 실험한 모든 옷에서 다 폼알데하이드가 검출된 것은 아니었지만, 80%의 옷에서 검출되었으니 그냥 넘어갈 수 있는 수준은 아니었다.

링클 프리의 함정

그렇다면 새 옷에서 이렇게 폼알데하이드가 검출되는 이유는 무엇일까? 바로 새 옷의 큰 특징인 '구겨지지 않은 상태'를 유지하기 위함이다. 반듯이 펴져 있는 새 옷은 바로 폼알데하이드를 처리함으로써 얻을 수 있는 결과물인 것이다. 특히 요즘은 세탁해도 잘 구겨지지 않아 다림질이 필요 없는 '링클 프리' 소재의 옷들도 많은데, 이 역시 폼알데하이드 처리의 결과라고 볼 수 있다.

결국 새 옷을 입는다는 것은 섬유 사이사이에 존재하는 폼알데하이드에 직접 접촉한다는 것을 의미한다. 피부독성에 관한 연구결과에 따르면 폼알데하이드는 피부에 강한 자극 및 발진을 일으킬 수 있는 물질로 알려져 있으니 사람들이 새 옷을 입고 얻은 피부 트러블은 전혀 이상할 게 없는 현상이다. 게다가 피부가 약한 어린 아이들에게는 새 옷을 매개로 한 폼알데하이드와의 접촉이 더 해롭게 작용할 것을 쉽게 예상할 수 있다. 따라서 새 옷을 살 경우에는 어른 옷이건 아이 옷이건 반드시 세

대형 의류 매장에서 오래 일하면 폼알데하이드에 더 쉽게 노출될 수 있다.

탁을 하고 입어야 한다.

그런데 문제는 이런 피부 트러블에 그치지 않는다. 폼알데하이드는 상온에서 기체 상태를 유지하려고 한다. 따라서 섬유 사이사이에 존재하는 폼알데하이드가 시간이 지날수록 서서히 빠져나올 수 있다. 그렇다면 가장 위험한 사람은 누구일까? 바로 대형 옷 매장이나, 섬유 공장에서 일하는 근로자이다. 대형 옷 매장에 들어갔을 때 혹시 퀴퀴한 냄새를 맡아본 경험이 있는가? 이 퀴퀴한 냄새의 원인 중 하나가 바로 이 폼알데하이드이다. 매장에서는 새 옷을 팔기 때문에 당연하게도 상당수의 옷에 폼알데하이드 처리가 되어 있고, 시간이 지나면서 섬유로부터 폼알데하이드가 빠져나오게 된다. 결과적으로 매장 안의 폼알데하이드 농도는 높아질 수밖에 없다.

당연히 잠시 머무는 손님보다는 하루 종일 매장에서 일하는 근로자의 위험성이 더욱 크다. 폼알데하이드는 아주 극소량이라도 노출되면 눈·코·목에 자극을 주는 기체로서, 두통, 기침, 가슴 조임 등의 증상을 불러일으키는 매우 위험한 물질이다. 국제암연구소에 의해 1군 발암물질로 지정되어 있기도 하니 말 다한 셈이다.

이 사실을 접하면 참으로 아이러니할 수가 없다. 여름철이면 손님을 끌기 위해서 냉방을 한 채로 출입문을 열어놓는 옷 매장을 쉽게 접할 수 있다. 사실 이 행위는 옷 매장의 근로자들에게는 매장 내 폼알데하이드 농도를 낮출 수 있는 좋은 환기 방안이기도 하다. 그러나 이로 인해 전기 낭비가 심해진다며 정부에서는 높은 과태료를 물리면서 금지시키고 있다. 명확한 환기 기준을 마련해서 낭비되는 전기도 줄이고, 매장 근로자의 안전도 지키는 일석이조의 지혜가 필요하다.

04

마스크 패치의 진실

앞서도 말했듯이 팬데믹이 종식된다 하더라도 또 다른 바이러스에 대한 우려 때문에 마스크를 일상적으로 착용하는 사람들도 늘어날 것이다. 이런 상황이다 보니, 마스크와 관련된 각종 제품이 쏟아지는 건 당연한 현상으로 보인다. 최근에 주목받았던 가장 대표적인 제품을 꼽는다면 바로 '마스크 패치'가 아닐까 싶다. 하루 종일 마스크를 쓰다 보니 평소에는 잘 맡지 못하는 본인의 입냄새를 맡게 된다. 마스크 패치는 마스크에 작은 스티커 같은 패치를 붙임으로써 이런 불쾌한 입냄새를 제거하는 제품이다.

마스크 패치는 어떻게 악취를 제거할까?

그렇다면 마스크 패치의 원리는 무엇일까? 악취를 없애는 방법은 두 가지가 있는데, 하나는 악취의 원인을 직접 제거하는 것이고, 다른 하나는 특정향으로 악취를 덮는 방법이다. 마스크 패치는 후자의 방법으로 악취를 제거한다. 마스크 패치는 특유의 향으로 기존의 악취를 덮기 때문에 그 효과는 확실히 있다. 즉, 제품 자체의 효능만 놓고 보면 전혀 문제가 없는 나름 멋진(?) 아이디어 상품이라고 볼 수 있겠다.

마스크 패치의 성분을 살펴보자

그런데 마스크 패치의 안전 문제는 없는 것일까? 시중에 판매되고 있는 마스크 패치의 성분을 하나씩 살펴보자. 리모넨, 시트랄, 유칼립투스 오일, 페퍼민트 오일, 라벤더 오일, 시더우드 오일 등을 쉽게 발견할 수 있다. 리모넨과 시트랄은 레몬향을 내며, 유칼립투스 오일은 면역력을 강화시켜준다고 알려져 있다. 또 페퍼민트 오일은 피로 회복 효과를 보이며, 라벤더 오일과 시더우드 오일은 살균 및 진정 효과가 있다. 이들은 방향제나 탈취제에서도 쉽게 볼 수 있는 물질들이다. 게다가 '식물 유래 추출성분'이라는 문구도 같이 적혀 있는 경우가 많아서, 소비자들은 쉽게 안심하고 이 제품들을 구매하게 된다. 이 성분들이 실제로 소나무, 레몬 등 천연에서 추출되어 많이 쓰이는 것은 사실이다. 그러나 과연 천연에서 추출한 물질이라고 모두 안전하다고 믿어도 되는 것일까?

예를 들어 대표적인 천연물질로 소금이 있다. 소금은 거의 모든 음식에 필수적으로 사용되므로 당연히 안전한 물질이라고 생각할 것이다. 물론 적정량만, 그리고 음식을 통해 섭취만 한다면 아무런 문제가 없다. 그러나 호흡기로 바로 들어가거나 피부에 오랜 시간 노출될 경우에는 독성을 일으킨다. 먹어서 안전한 것과 들이마시거나 피부에 접촉하는 것은 완전히 다른 얘기인 것이다. 그래서 섭취독성, 흡입독성, 피부독성은 늘 별도로 테스트한다. 가습기 살균제 사건을 일으켰던 성분조차도 먹어서는 죽지 않는 성분이었다. 그런데 흡입독성을 제대로 평가하지 않은 채 시판했다가 대참사를 일으켰던 것이다. 그 뒤로 생활화학제품은 반드시 위해성 평가를 거친 뒤 환경부에 신고를 하게끔 제도가 바뀌었다.

마스크 패치의 위험성

앞서 언급했던 마스크 패치 속 성분들의 위험성은 어떨까? 유칼립투스 오일은 피부에 자극을 일으킬 수 있기 때문에 반드시 낮은 농도로 사용해야 한다. 페퍼민트 오일 역시 피부나 점막에 자극을 일으킬 수 있어서 희석하여 소량만을 사용해야 하는 물질이다. 게다가 가장 널리 애용되는 라벤더 오일은 월경 유도 효과가 있어서 임산부는 특히 주의해야 하는 단점을 안고 있는 성분이다. 이렇게 위험성을 안고 있다면 극소량만을 사용해야 한다. 그러나 정확한 허용 함량을 정부에서 지정하고 있지는 않아 문제가 될 수 있는 것이다.

가장 우려되는 것은 앞서 언급했던 성분들이 호흡기로 지속적으로 노출되면서 기관지에서 걸러지지 않고 바로 폐로 직행한다는 점이다. 즉, 폐에 자극을 일으켜 염증을 유발할 가능성이 존재하는 것이다. 더욱이 장기간 노출됐을 때의 부작용은 충분히 연구되지 않았기 때문에, 항상 위험성을 안고 있다. 게다가 품질이 떨어지는 제품은 이러한 성분들 외에 다른 불순물도 많이 함유하고 있다. 이런 불순물이 폐에 직접 닿게 되면 그 위험성이 더 커지리라는 것은 불 보듯 뻔한 일이다. 따라서 제조회사들은 장시간에 걸쳐 충분히 검증을 거친 뒤 출시하는 것이 바람직하다.

실내에서 많이 사용하는 방향제의 탈취제도 마스크 패치와 역할 및 원리가 비슷한데, 보통 이런 제품들에는 보존제도 첨가되어 있다. 우리가 방향제를 흡입하면 보존제도 같이 흡입하게 되는데, 보존제로 많이 사용되는 것은 벤즈아이소씨아졸리온Benzisothiazolinone과 제4급 암모늄염quaternary ammonium salt(주로 염화벤잘코늄)이다. 이들은 호흡기에 반복적으로 노출 시, 폐에 문제를 일으켜서 폐렴을 유발할 수 있고, 심한 경우 중증 폐 장애를 일으킬 수 있다고 알려져 있다. 특히 노약자나 호흡기 질환자는 상대적으로 폐기능이 약하기 때문에, 이런 물질들에 지속적으로

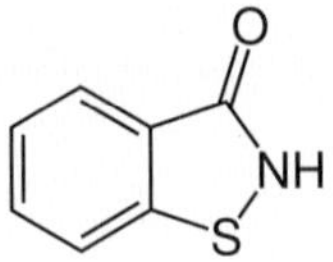

벤즈아이소씨아졸리온의 화학 구조

노출되는 것을 피해야 한다. 방향제나 탈취제를 사용할 때는 반드시 주기적인 환기를 병행하여 유해 물질의 농도를 낮추어야 한다는 사실을 기억하길 바란다.

05

샴푸가 탈모를 일으키나요?

'노푸(No poo)족'이라는 말을 처음 들었을 때는 무슨 말인가 했다. 새로 나온 캐릭터 이름인 줄 알았는데, 나중에 알고보니 '노 샴푸(No shampoo)'의 줄임말로, 샴푸를 쓰지 않는 사람들을 일컫는 말이었다. 화학제품을 기피하는 것의 한 현상이라니! 게다가 유명한 할리우드 배우인 조니 뎁과 기네트 펠트로까지도 노푸족에 합류했다니! 안전에 대해서 늘 주의를 기울이고 실천하고자 하는 자세에 감탄하면서도, 명색이 화학 관련 학과의 교수로 있는 필자의 입장에서는 무조건적인(?) 화학물질 배척인 것 같아서 한편으로는 씁쓸하기도 하였다.

왜 '노푸'라는 말이 나오게 된 것일까? 궁금한 마음에 알아보니 크게 세 가지로 압축이 되었다. 샴푸에 들어있는 보존제, 합성 계면활성제 그리고 디메치콘dimethicone이라는 성분이 논란이 되고 있었다.

샴푸의 보존제와 계면활성제

샴푸의 보존제로는 다양한 것들이 사용되고 있으며, 대표적인 것은 파라벤paraben이다. 뒤의 치약 파트에서 설명하겠지만 파라벤 중에서 에틸 파라벤과 메틸 파라벤은 섭취했을 때를 가정하여도 안전한 편에 속한다. 게다가 치약과 달리 샴푸를 먹지는 않지 않은가! 그리고 일반 화장품에도 파라벤이 쓰일 정도이니 피부 독성을 염려할 수준도 아니다. 그러니 일단 보존제에 대한 논란은 넘어갈 수 있겠다.

그 다음 논란은 합성 계면활성제이다. 먼저 계면활성제surfactant의 역할부터 이해를 해야 한다. 계면활성제는 보통 한쪽은 친수성(물하고 친한 성질)을 띠고 다른 한쪽은 친유성(기름과 친한 성질)을 띠는 물질이다. 비누가 대표적인 계면활성제이다. 우리의 손이나 피부에 묻은 때(기름)에는 비누(계면활성제)의 친유성 부분이 달라붙게 된다. 그리고 비누의 다른 한쪽은 친수성 부분이기 때문에 물에 녹아 씻겨 나갈 수 있다. 즉, 물과 기름의 계면을 활성화시켜서 기름이 물에 녹을 수 있도록 하는 물질이 계면활성제이다. 그렇다면 왜 샴푸나 화장품에는 계면활성제를 많이 사용해야 하는 걸까?

거꾸로 생각해보면 된다. 여러분들이 다양한 물질을 섞어서 화장품을 만

든다고 가정해보자. 그 물질 중에서는 물하고 친한 친수성 물질도 있을 것이고, 기름하고 친한 친유성 물질도 있을 것이다. 이 둘이 같이 있다면 어떻게 될까? 당연히 섞이지 않은 상태로 존재하게 될 것이다. 그렇기 때문에 이런 화장품이나 샴푸 등에는 계면활성제가 필수인 것이다. 친수성 물질은 계면활성제의 친수성 부분이 붙잡게 되고, 친유성 물질은 계면활성제의 친유성 부분이 붙잡게 되니, 서로 섞일 수 없는 물질들끼리 섞일 수 있게 만들어주는 것이다.

그렇다면 샴푸에 사용되는 계면활성제에는 어떤 것이 있을까? 워낙 종류가 다양하여 모두 열거하기는 힘들고, 대표적인 것으로는 아래 그림에 나타낸 암모늄 라우릴 설페이트ammonium lauryl sulfate와 나트륨(소듐) 라우릴 설페이트sodium lauryl sulfate가 있다. 이들은 화장품의 성분표를 들여다보면 흔히 볼 수 있는 계면활성제들이다.

계면활성제의 독성을 살펴보자. 먼저 합성 계면활성제의 경

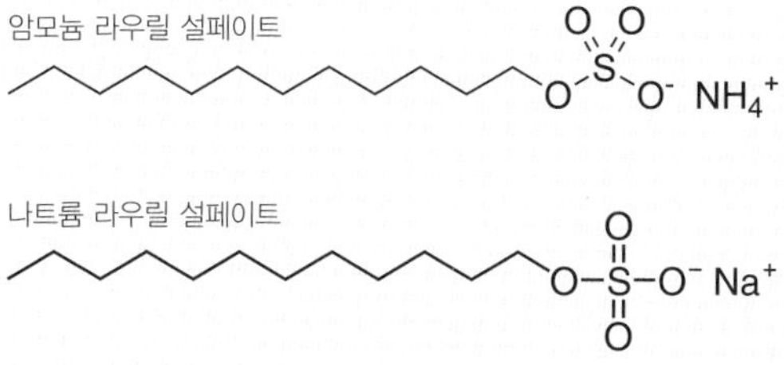

대표적인 계면활성제들

우 두피에 자극을 줄 수 있어서 피부염을 유발시킬 수 있다고 알려져 있으며, 결과적으로 세균의 침투가 용이해져 모낭염 folliculitis이 발생할 수 있다고도 알려져 있다. 뿐만 아니라 모공을 통해 진피층에 흡수될 수도 있으며, 결과적으로 탈모의 원인이 될 수도 있다고 알려져 있으니 쉽게 생각할 문제가 아니라고 볼 수 있다. 하지만 걱정 마시라. 이런 독성은 피부가 아주 예민한 사람을 제외하고는, 오랫동안 피부에 남아 자극을 줄 때에야 나타나기 때문이다. 따라서 샴푸 사용 습관에 따라서 사람마다 증상이 다르게 나타나게 된다. 같은 샴푸를 사용하더라도 어떤 사람은 아무런 두피 트러블 없이 지내는 반면 어떤 이는 탈모를 겪게 될 수도 있는 것이다.

디메치콘의 위험성

마지막으로 언급되고 있는 디메치콘은 어떤 물질이고 어떤 위험성이 있을까? 먼저 디메치콘은 Polydimethylsiloxane(약자

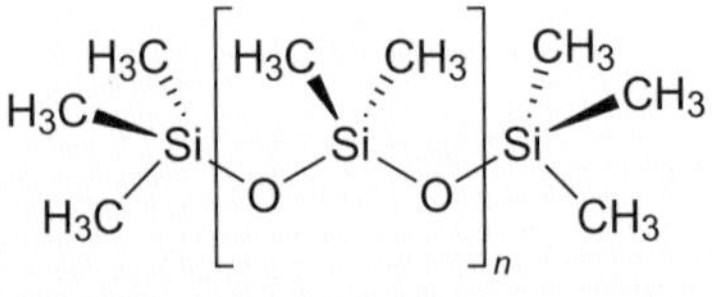

디메치콘의 화학구조

로 PDMS라고 부름)의 다른 말이다. 디메치콘은 분자량molecular weight에 따라 실리콘 오일이 되기도 하고, 실리콘 고무가 되기도 한다. 분자량이 높은 실리콘 고무는 전기절연성과 발수성이 뛰어나서 각종 전기절연재료로 널리 활용되고 있다. 샴푸나 화장품 등에는 상대적으로 분자량이 작은 오일 형태의 PDMS 실리콘이 사용되며 이를 디메치콘이라고 하는 것이다.

샴푸에 디메치콘을 넣는 이유는 머리카락의 손상된 부분의 사이사이로 침투해서 코팅함으로써, 결과적으로 머릿결이 부드러워지는 효과를 주기 위해서이다. TV 광고에서 샴푸를 사용했더니 머리카락이 코팅되는 CG를 본적이 있을 텐데, 실제로 이런 역할을 수행하는 것이 디메치콘인 것이다. 비누로 감았을 때와 샴푸로 머리를 감았을 때 손으로 만져보면 머릿결에서 차이가 확연히 느껴지는 원인이기도 하다.

그럼 디메치콘은 얼마나 위험할까? 디메치콘의 경우는 의약품으로도 사용되고 있고 소량 섭취할 경우에는 문제가 없다고 알려져 있다. 물론 샴푸를 먹을 일은 없겠지만 말이다. 하지만 문제가 없는 것은 아니다. 만약 머리를 감은 뒤, 제대로 세정을 하지 않을 경우 두피에 남은 디메치콘이 모공을 막고 피부 트러블을 일으킬 수는 있다. 그래서 피부가 예민한 사람이라면 논실리콘 제품을 사용하는 게 바람직하다.

샴푸를 건강하게 사용하려면

그렇다면 여기서 딜레마에 빠질 수 있겠다. 샴푸를 사용하고 너무 박박 헹궈내서 디메치콘을 머리카락으로부터 완전히 떨어뜨린다면, '머리결 코팅'에 의해 부드러워지는 효과를 기대하기 힘들고, 제대로 닦지 않으면 피부 트러블이 걱정된다. 한 가지 방법은, 샴푸 사용 후 물로 세정할 때 적어도 두피 쪽은 손바닥이나 손가락 끝으로 충분히 문질러줘서 샴푸 성분이 최대한 남지 않게 하는 것이다. 노푸족을 하더라도 제대로 알고 하자.

06

생리대 파문의 진실은

생리대 파문이 시끄러웠다. 한 시민단체에서 의뢰해서 진행된 실험에서 충격적인 결과가 나왔기 때문이다. 여성들이 일상적으로 사용하던 생리대에서 독성물질이 검출되었다는 것이 발표되면서 파문이 일파만파 커졌다. 특히 휘발성 유기화합물volatile organic compounds, VOC인 트라이메틸벤젠1,2,3-trimethylbenzene, 스타이렌styrene, 톨루엔toluene 등 독성이 강한 물질이 포함되면서, 생리대 회사에 대한 강한 불만과 함께 생리대를 포함한 화학제품에 대한 공포감은 더더욱 커지게 되었다.

여성이 평생 사용하는 생리대의 개수가 약 1만 개 정도 된다고 하니, 공포심을 갖는 것은 전혀 이상하지 않은 일이다. 본 사건이 터진 뒤, 식약처와 의사협회에서는 위험하다는 증거가 부족하다고 공식 성명을 냈고, 실험을 담당했던 교수도 독성물질이 검출됐을 뿐 독성에 대한 연구결과는 추후에 더 연구가 돼야 한다고 의견을 내면서 일단락되는 분위기이다. 하지만 크게 해결된 것이 없기 때문인지, 일반 소비자들은 여러 측면에서 불안할 수밖에 없는 상황이다. 이와 관련해서 필자 역시 많은 질문을 지인들과 방송인들로부터 받았다. 결론부터 말하자면, 2021년 8월을 기준으로 아직 확정된 사실이 없다는 것이다.

유해성과 유해물질은 다르다

먼저 VOC가 왜 검출되었을까부터 생각해보자. 기저귀나 생리대에는 접착제가 사용되는 곳이 여러 군데 있다. 벨크로(찍찍이) 방식만으로는 불가능한 곳들이 많다 보니 불가피하게 접착제를 쓸 수밖에 없다. 일차적인 추정은 이러한 접착제에서 VOC가 검출되었을 것으로 보고 있다.

이차적인 추정은 바로 플라스틱 소재들이다. 기저귀이든 생리대이든 기본적으로 천연펄프를 사용해서만 만들 수는 없기

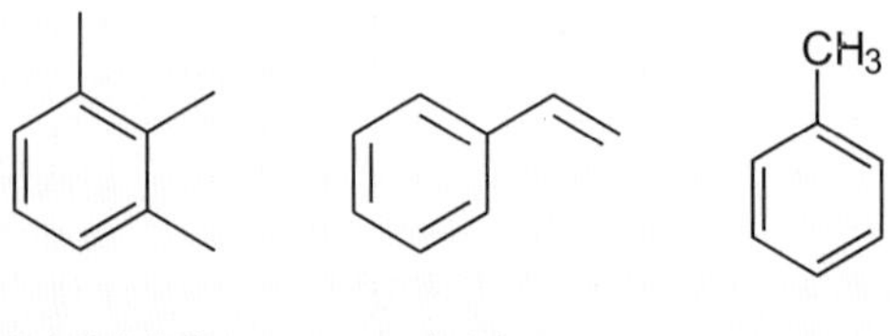

CH_3

트라이메틸벤젠 스타이렌 톨루엔

때문에 부분적으로 플라스틱 소재들이 들어갈 수밖에 없다. 그런데 플라스틱을 원하는 특정 모양으로 사용하기 위해서는, 열을 가하거나 용매solvent를 이용하여 녹인 뒤, 틀에 부어 찍어내는 경우가 많다(붕어빵 찍어내는 과정을 생각하면 된다). 그때 쓰일 수 있는 용매들에 벤젠, 톨루엔 등이 있는데, 충분히 증발시켰다고 해도 다 제거되지 못하고 남아 있을 수 있다. 이렇게 잔류하는 용매들이 이번 생리대 검사에서 검출된 것으로 추정해볼 수 있다.

새집증후군과도 비슷하다. 새 집에 들어가면 페인트로 인한 퀴퀴한 냄새를 맡은 적이 있을 것이다. 분명히 페인트를 바르고 한참 시간이 흘렀음에도 왜 이런 퀴퀴한 냄새가 나는 것일까? 충분히 건조된 페인트라도, 페인트 자체에 남아있는 미량의 VOC들이 서서히, 지속적으로 빠져나오기 때문이다. 이 물질들로 인한 부작용을 새집증후군이라고 부르게 된 것이다. 페인트의 퀴퀴한 냄새가 길게는 1년 이상 지속되는 경우도 있으니, 이러한 용매들이 완전히 빠져나오는 데는 오랜 시간이 소요될 것으로 예상할 수 있다.

이렇게 휘발성 유기화합물이 생리대 내에 남아있을 가능성이 존재하는데, 실제로 존재하게 된다면 정말로 위험할까? 답은 모른다는 것이다. 유해물질과 유해성은 완전히 다른 것이다. 어떤 제품에 유해물질이 존재한다고 해서 반드시 그 제품이 유해하다는 것은 아니라는 뜻이다. 예를 들어 우리가 땅속에서 나온 식물을 검사해보면, 어떤 식이든 유해물질이 반드시 검출될 것이다. 하지만 우리가 안심하고 먹을 수 있는 것은 그 유해물질이 소량이고, 해당 함량에 대해서는 안전하다는 기준이 마련되어 있기 때문이다. 그래서 유해성을 논할 때는 위험물질의 양 외에도 실제로 우리에게 노출되는 횟수와 양이 중요한 것이다.

쉽지 않은 생리대 안전 평가

독성은 크게 먹었을 때의 독성(섭취 독성), 코로 흡입했을 때의 독성(흡입 독성), 피부에 접촉했을 때의 독성(피부 독성)을 중점적으로 나눌 수 있다. 이번 생리대의 경우는 우리가 먹는 것도 아니고, 코로 흡입하는 것도 아니기 때문에, 피부 독성만 살펴보면 된다.

그런데 피부독성 문제가 그렇게 간단하지가 않다. 피부는 부위마다 그 조직이 다르며, 흡수도도 다르다. 예를 들어 손에 바르는 핸드크림이나 손세정제를 얼굴에다 바르면 얼굴에 트러블이 일어날 수 있다. 생리대의 문제는 단순히 피부 독성을 가볍게 팔꿈치나 손등에 발라서 테스트할 수 있는 성격이 아니라는 것이다.

생리대는 여성의 질에 직접 닿는데, 바로 이 경우에는 여성의 질 점막에 미치는 영향을 조사해야 한다는 점에서 일반 피부독성 테스트보다 더 고차원의 실험이 요구된다. 여성의 질 점막에 미치는 영향뿐만 아니라 질 점막을 통해서 위험물질이 흡수되는 양을 조사해야 하고, 이 부위로 흡수가 되었을 때 어떤 신체의 변화가 오는지를 추적해야 하기 때문에, 매우 어렵고 지난한 일이다. 여성의 특정 부위이기 때문에, 실험용 쥐나 생쥐로 진행하는 실험의 신뢰성을 얼마나 보장할 수 있을지 역시 의문이다. 그렇다고 사람을 대상으로 임상 실험을 하자니 대상자를 모집하는 것부터 난항을 겪을 수 있다.

더 큰 어려움은 장기간의 실험이다. 만약 향후 3개월간의 독성 실험에서 안전하다는 결과가 나오더라도 평생 생리대를 안심하고 써도 된다고 말해도 될 수 있을까? 그렇지 않다. 3개월간의 실험에서는 안전했지만, 6개월간 노출했을 때는 독성이 발견될 가능성이 있기 때문이다.

생리대 문제를 새 옷에서 검출되는 폼알데하이드의 피부 독성보다 더 해결하기 어려운 것이 바로 이 때문이다. 새 옷의 폼알데하이드로 피해를 입었다고 하더라도, 새 옷을 3~4번씩 입는 경우는 적고, 그 전에 세탁을 하기 때문에 위험성이 줄어든다. 그러나 생리대는 몇 십년에 걸쳐서 사용하는 제품이기 때문에, 장기간의 안전성 테스트가 매우 중요하다.

여성의 건강, 누가 책임지는가

앞으로 식약처에서 생리대에 대해서 전수 조사를 실시한다고 하니 일단 그 결과를 기다려야 할 것이다. 그러나 마냥 그 결과만 기다리기에는, '안심하고 사용해도 된다'라고 발표를 하기 위해서는 앞서 언급한 문제들로 인해서 시간이 꽤 소요될 것이므로 걱정이 앞선다. 그 기간 동안 생리대를 어떻게 사용하는 것이 옳은지 결정이 쉽지 않을 것이다.

필자는 과학자로서, 객관적인 데이터만을 가지고서 얘기해야 하는데, 여성 질 점막에 대한 VOC 흡수 실험 및 독성 실험 자료는 형광증백제나 폼알데하이드와는 달리 세계적으로도 찾을 수 없기 때문에 섣불리 얘기하기가 매우 어려운 실정이다.

2018년부터는 생리대 전성분 표시제가 시행되고 있지만, 제도의 명칭과는 달리 원료물질인 부직포, 폴리에틸렌필름, 접착제 정도만 기재하도록 하고, 화학물질로 구성된 착향제 등은 '향료'로 통칭하여 표시할 수 있어 그 개별 성분을 알기 어렵다. 개별 성분을 알 수 없으니 일반 소비자 입장에서는 성분을 확인하여 생리대를 구매한다고 해도 유해성을 정확히 판단할 수가 없는 것이다. 더 실효성 있는 제도의 개선을 통해 여성들이 최대한 안심하고 건강하게 일회용 생리대를 사용할 수 있게 되기를 바라본다.

07

집에서 빨래 함부로 말리지 마세요

요새는 밖에 나가는 것 자체가 걱정일 때가 있다. 특히 아이들을 데리고 외출하려면 두려울 때가 많다. 코로나바이러스에 대한 불안감도 있지만, 맑은 날에는 창 밖으로 선명히 보이던 남산타워가 희미하게 보일 때면, 주말이지만 아이와 외출하기가 꺼려진다. 그런 날 인터넷으로 미세먼지 수치를 확인해보면 어김없이 미세먼지와 수치와 초미세먼지 수치가 모두 높아서, 막 성장하고 있는 아이를 데리고 나가는 것이 맞는 건지, 아이들이 심심해하더라도 집에 온종일 있는 게 맞는 건지 갈등하게 된다.

맑은 공기와 맑은 물! 어떻게 보면 최소한의 인간다운 삶을 위한 가장 기본 조건 중에 하나인 '맑은 공기'조차 걱정해야 할 처지에 놓여있다고 생각하면 너무나 속상하고, 우리 아이들이 살아갈 세상이 이렇게 숨쉬기도 쉽지 않은 상황이라는 것을 생각하면 아찔하기까지 하다. 특히 미세먼지 이슈는 단기간 내에 해결될 수 있는 문제가 아니기 때문에 더 답답한 것도 사실이다.

미세먼지, 얼마나 위험한가

자, 그럼 먼저 미세먼지가 무엇인지 정리하고 넘어갈 필요가 있겠다. 미세먼지는 일반 미세먼지와 초미세먼지로 구분할 수 있다. 일반 미세먼지(PM 10)는 지름이 10μm 이하인 먼지를 지칭하며, 주로 자동차나 공장 굴뚝에서 배출된다고 알려져 있다. 초미세먼지(PM 2.5)는 지름이 2.5μm 이하인 먼지를 의미한다. 이 초미세먼지의 경우에는 크기가 매우 작기 때문에 우리 몸에 들어올 경우에는 혈관에까지 침투할 수 있어서 매우 위험한 물질로 분류된다.

그렇다면 미세먼지의 위험성은 어느 정도일까? 한국지질자원연구원 이평구 박사 연구팀은 초미세먼지를 분석해 그 안에 중금속 원소들이 있음을 확인하였고 구체적으로 카드뮴, 비소, 납, 아연 등을 검출해냈다. 이러한 중금속 미세먼지에 대해서 고려대학교 이종태 교수 연구팀이 서울지역 노인들을 대상으로 조사한 결과, 미세먼지 농도가 증가할수록 폐기능이 저하되었음을 보고하기도 하였다.

이렇게 위험성이 보고되고 있지만, 이것은 시작에 불과하다고 본다. 앞으로 장기간의 연구들을 계속 진행할수록 여러 가지 형태의 위험성이 계속 보고될 것이고, 미세먼지에 많이 노출된 어린아이들이 성장했을 때 폐 기능뿐만 아니라 다른 장기의 문제점들도 확인될 가능성이 매우 크다. 정부의 적절한 대책 마련이 매우 시급하다.

이 문제는 하루아침에 해결될 문제가 아니다 보니, 국민 스스로 조심하고 있다. COVID-19 사태 이전부터 길거리에서 미세먼지 마스크를 착용하는 사람을 보는 것이 익숙한 풍경이었고, 지금도 공기청정기가 불티나게 팔리는 것을 보면 경각심이 높아지는 것이 분명하다.

빨래를 해도 미세먼지는 그대로라고?

하지만 이런 경각심 속에서 한 가지 망각하고 있는 것이 있다. 바로 빨래이다. 보통 세탁을 하고 나면 온종일 활동하면서 묻었던 먼지들이 다 제거가 될 것이라고 생각한다. 그래서 보통 빨래를 말릴 때, 건조기가 없는 경우에는 한 번 털고 빨래건조대에 널어서 말리곤 한다.

그래서 간단한 실험을 진행해보았다. 세탁기에서 충분히 빨래한 뒤, 이를 건조기에 돌려서 나온 먼지를 수거하였다. 일단 충분한 세탁을 했음에도 불구하고 먼지가 꽤 모였다는 것을 확인할 수 있다. 그 이유는 섬유조직의 특징에 있다. 섬유조직은

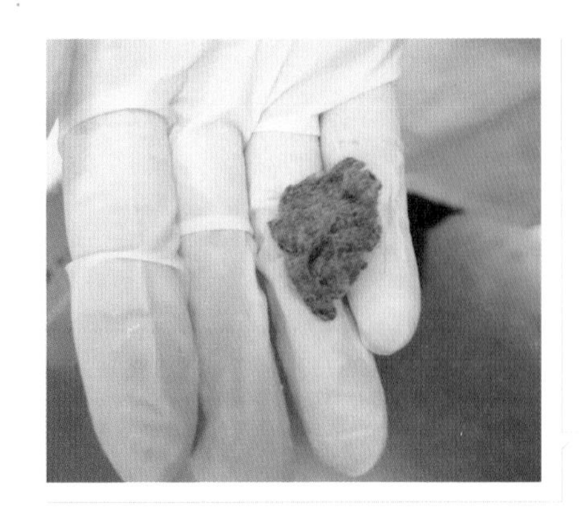

건조기를 통해 수집한 먼지들

구조상 미세한 공간들이 존재하기 때문에 실제 표면적은 매우 넓다. 그래서 미세먼지가 달라붙어 있을 수 있는 여지가 매우 크다. 심지어 미세먼지와 섬유조직이 서로 잡아당기는 힘이 작지 않기 때문에, 세탁을 여러 차례 해도 이 미세먼지들을 다 제거하는 것은 사실상 불가능하다.

이렇게 수집한 먼지에 대해서 중금속 검출 실험을 진행해보았다. 세탁하는 과정에서 미세먼지 내에 있던 중금속들은 다 제거되었을 것이라는 가정으로 실험을 진행했는데, 그 결과는 충격적이었다. 세탁을 마친 옷에서 나온 먼지에서도 중금속이 약 200ppb* 가 검출이 되었다. 그 종류는 구리, 코발트, 아연, 카드뮴, 니켈 등이었다.

* ppb: part per billion의 약자로 미량 함유 물질 농도 단위의 하나이다. 1ppb = 1/1000ppm

만약 빨래를 건조할 때, 한 번 털어서 건조대에 널게 되면 어떻게 될까? 터는 과정에서 물과 함께 미세먼지가 빨래에서 분리되면서, 중금속을 품고 우리의 코를 통해서 폐로 들어가게 될 것이다. 어린 아이들의 폐로 들어간다고 생각하면 매우 아찔하지 않을 수 없다. 그렇지 않아도 밖에서 미세먼지를 어느 정도 마시게 되는데, 공기청정기 등으로 나름 청정지역이라고 생각했던 집 안에서도 이렇듯 중금속 담긴 미세먼지로부터 자유로울 수 없는 것이다.

중금속은 얼마나 위험할까? 대표적인 중금속인 카드뮴은, 반복적이나 장기간 노출되면 기침과 숨가쁨, 비정상적인 폐 기능 등의 폐손상이 발생할 수 있다고 알려져 있다. 일부 연구에서는 공기 중 카드뮴 수준과 인간 심혈관 질환 및 고혈압 사이의 상관관계를 확인하기까지 하였다. 이건 어디까지나 지금까지 밝혀진 위험성에 대한 것만 언급한 것이지, 시간이 흐르면 더 많은 위험성이 밝혀질 것으로 보인다.

따라서 미세먼지 문제가 해결될 때까지는 건조기로 빨래를 말리는 것이 건강을 생각해서는 가장 좋을 것이다. 건조기가 없더라도 최소한 실내 공간과 분리된 베란다에서, 충분히 환기가 되는 상태로 빨래를 털고 말리는 것을 추천한다.

08

치약을 쓰면 암에 걸리나요?

가습기 살균제 사건이 전국을 뒤덮는 와중에 필자에게 어느 날인가 만나는 사람마다 심각하게 질문을 던졌었다. "치약이 그렇게 안 좋다면서요? 그 안의 보존제가 대단히 위험하다고 하던데…" 이런 류의 질문들이었다. 예전에는 이런 질문을 하는 분들의 표정이 그다지 심각한 경우가 별로 없었다. 그러나 요새는 가습기 살균제 사건처럼 끔찍한 일을 겪을 수도 있고, 장기간에 걸쳐서 서서히 몸이 망가질 수도 있다는 공포가 생겨서일까? 이런 질문하는 분들은 표정 자체가 매우 다르다. 도대체 왜 치약이 논란의 중심이 되었던 것일까? 또 치약만이 문제가 있는 것일까? COVID-19 이슈로 치약 관련 이슈가 잠시 수그러들기도 하였는데, 과연 모든 게 다 해결된 것일까?

치약의 보존제는 파라벤이다

먼저 치약에는 파라벤paraben이라는 보존제가 쓰이는 경우가 매우 많다. 사실 '파라벤'은 여러 화합물을 통칭하는 말이다. 아래의 화학반응식에서 나타낸 것처럼 파라하이드록시벤조산 p-hydroxybenzoic acid에 에틸 알코올ethyl alcohol을 반응시켜서 만든 것을 에틸 파라벤ethyl paraben이라 부르고, 프로필 알코올propyl alcohol을 반응시키게 되면 프로필 파라벤propyl paraben이 만들어지는 것이다. 이러한 에틸 파라벤, 프로필 파라벤, 뷰틸 파라벤 butyl paraben(뷰탄올을 반응시켜 생성) 등을 통칭하여 파라벤이라고 하는 것이다.

그럼 파라벤에는 어떤 특징이 있을까? 파라벤은 기본적으로 매우 낮은 농도에서도 세균이나 곰팡이 등의 성장을 억제해주는 효과가 뛰어나다고 알려져 있다. 그렇기 때문에 각종 식품이

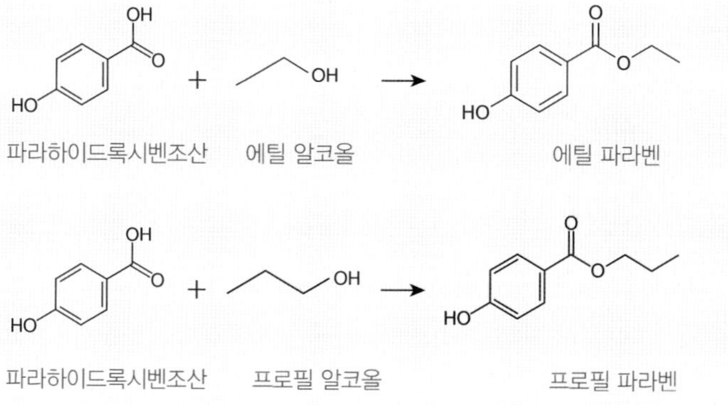

OH O HO + OH → O O HO

파라하이드록시벤조산 에틸 알코올 에틸 파라벤

OH O HO + OH → O O HO

파라하이드록시벤조산 프로필 알코올 프로필 파라벤

나 화장품 등의 보존제로서 널리 활용되고 있다. 현행법상 화장품의 성분은 모두 공개하는 것이 원칙이기 때문에, 집에서 사용하는 화장품의 성분표를 들여다보면 파라벤을 매우 쉽게 찾을 수 있을 것이다. 하지만 식품이나 치약 같은 생활용품에서는 성분명을 모두 공개할 의무가 없어서 파라벤이 있는지 없는지 확인할 방법이 없다.

그렇다면 파라벤은 왜 문제가 된 것일까? 먼저 화장품의 경우는 먹을 일이 없다. (기분이 좋지 않다고 해서 홧김에 화장품 먹는 사람은 없지 않은가.) 그런데 치약을 사용하기 위해서는 일단 입에 집어넣어야 하기 때문에 혹시나 몸 안으로 들어갈 경우 심각한 문제가 일어나지는 않을까 걱정하게 된다. 그렇다면 파라벤의 부작용에 대해서 알아보도록 하자.

파라벤은 종류에 따라 위험할 수도 있다

일부 연구결과에 따르면, 파라벤이 내분비계를 교란할 수 있고, 유방암 세포에서 파라벤의 농도가 높았다는 보고도 있었다. 이러한 연구결과를 토대로 방송이 나가면서 많은 이들이 공포에 떨게 되었고, 치약을 쓰면 암에 걸린다는 말이 나돌게 되었다. 그래서 치약 대신에 소금으로만 양치질하자는 말까지 나오게 되었다.

그러나 당시 연구를 한 연구팀조차도 발암 가능성에 대해서는 후속연구가 필요하다고 한 만큼 아직까지 입증된 사실은 아니다. 게다가 파라벤은 항산화질과 식이 섬유를 함유하고 있어서 젊음을 유지하는 데 도움을 준다고 알려져 있는 블루베리에도 함유돼 있는 물질이다. 한마디로 자연에서 우리가 먹는 식물에도 존재하는 물질인 것이다. 파라벤 자체의 독성이 매우 치명적이었다면 블루베리를 즐겨먹는 이들은 빠른 속도로 암에 걸려서 사망했을 것이다. 게다가 체외로 잘 빠져나가는 성분이기 때문에 몸 안에는 거의 남지 않는다고 알려져 있다.

그렇다면 무조건 안심해도 되는 것일까? 공식적으로 파라벤은 내분비계 장애물질로 의심되는 2A군 발암물질에 속한 물질이다. 발암 확정 물질까지는 아니더라도 내분비계 장애물질로는 의심은 되는 상황이라는 것이다. 게다가 덴마크에서는 3세 미만의 어린이에겐 프로필 파라벤, 뷰틸 파라벤과 같은 일부 파라벤을 금지하고 있다. 유럽연합EU에서도 역시 치약 등에 프로필 파라벤, 뷰틸 파라벤과 같은 파라벤류의 사용이 금지되어 있다.

이러면 여러분은 혼란스러울 것이다. 파라벤이 포함된 제품

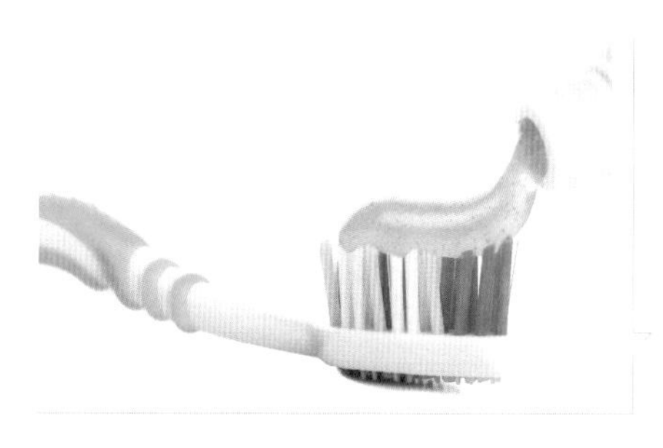

EU에서는 치약에 메틸 파라벤이나 에틸 파라벤의 사용은 허가하고 있다.

을 쓰라는 거야, 말라는 거야? 한 가지 힌트를 드리겠다. 그 까다롭다는 유럽연합에서도 메틸 파라벤과 에틸 파라벤은 사용을 허락한다는 점이다. 파라벤이라고 다 같은 파라벤이 아니고, 당연히 종류에 따라서 독성이 다르기 때문이다. 메틸 파라벤과 에틸 파라벤은 상대적으로 독성 정도가 약하다고 알려져 있으니, 불가피하게 방부제가 든 제품을 써야 한다면 메틸 파라벤이나 에틸 파라벤이 사용된 제품을 사용하는 게 현명할 것이다. (방부제가 없어서 변질된 제품을 쓸 수는 없지 않은가.) 그러나 안타깝게도 성분표에 단순히 보존제 혹은 파라벤이라고만 적혀 있다면, 우리 소비자들은 어떤 파라벤이 들어있는지 알 길이 없다. 소비자에게 유해한지 아닌지를 판단할 수 있도록 관련 법규가 좀 더 세심하게 정비되어야 할 것으로 보인다.

09

기저귀에서 왜 다이옥신이?

2017년에 충격적인 기사가 발표되었다. 아기들이 착용하는 기저귀에서 다이옥신dioxin이 검출되었다는 기사다. 가습기 살균제 사건이 채 가시기도 전에 이런 기사가 발표되자 아이를 키우는 어머니들뿐만 아니라 많은 국민들이 충격을 금치 못했다. 게다가 당연히 안전한 제품이라고 믿어왔던 아기 기저귀에서 다이옥신이 나왔으니, 그 충격은 배가 된 것 같다.

다이옥신의 정체

다이옥신이 무엇이길래 이렇게 화제가 된 것일까? 다이옥신은 산소 원자 2개를 포함하는 분자의 통칭이기 때문에 종류가 무척 많지만, 일반적으로는 벤젠, 염소, 탄소, 산소 원자를 포함하고 있는 특정 분자를 지칭하곤 한다. 대표적인 다이옥신은

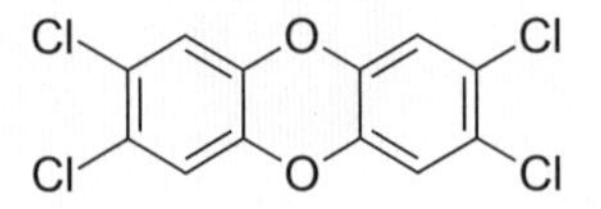

2,3,7,8-tetrachlorodibenzodioxin(TCDD)의 화학구조

PCDDspolychlorinated dibenzodioxins인데, 염소의 개수나 위치에 따라서 성질이 달라지는 화합물이다. 이 PCDDs 중에서 가장 유독하다고 알려져 있는 물질이 바로 2,3,7,8-TCDDtetrachlorodibenzodioxin라는 다이옥신이다. 다이옥신의 위험성을 언급할 때는 주로 이 TCDD를 가지고 설명할 정도로 많이 연구되어 있는 물질이다.

다이옥신은 얼마나 유독할까? 기본적으로 다이옥신은 인체 발암성 물질이며, 눈, 피부, 호흡기에 자극성이 있다고 알려져 있다. 게다가 몸속의 내분비계에 작용하여 독성을 일으키기 때문에, 대표적인 내분비계 교란물질로 알려져 있다. 즉, '환경호르몬'의 일종인 것이다. 특히 앞서 언급한 TCDD는 피부에 닿거나 삼켰을 때 매우 치명적이라고 알려져 있고, 노출되었을 때 염소성 여드름을 일으키며, 만성 흡입이 될 경우에는 중추신경계와 간에 영향을 미친다. 뿐만 아니라 성기 이상, 기형아 출산까지도 유발한다고 하니 매우 위험한 물질이다.

TCDD의 심각성은 고엽제 피해로 지금까지 고통을 호소하는 사람들이 많다는 것을 봐도 알 수 있다. 베트남 전쟁

2,4,5-trichlorophenoxyacetic acid(2,4,5-T)의 화학구조

(1960~1975년) 때 미군에서 시야 확보를 위해서 제초제인 고엽제defoliant를 무차별 살포하였는데, 지금까지도 이로 인한 피해를 호소하는 이들이 많다. 그 이유는 당시 사용했던 고엽제의 주성분이 바로 2,4,5-T2,4,5-trichlorophenoxyacetic acid인데, 이를 만드는 과정에서 부산물로 TCDD 같은 다이옥신이 생성된다. 그래서 당시 사용됐던 고엽제에 TCDD가 함께 들어갔던 것인데, 이 물질에 노출됐던 수많은 사람들이 지금 이 순간에도 피해로 고통받고 있는 것이다. 한 베트남 여성이 아이를 안고 있는 사진을 본 적이 있는데, 그 아이의 사지가 뒤틀려 있는 모습을 보고 TCDD의 위험성이 얼마나 심각한지 절실하게 느꼈던 적이 있었을 정도이다.

다이옥신은 여러 경로로 체내에 침투한다

이렇게 위험한 다이옥신은 도대체 어떻게 우리가 접하게 될 수 있을까? 앞서 언급했듯이 고엽제 내에서 형성된 경우도 있었지만, 이제는 이런 제초제 내에 위험물질의 사용이 금지됐으니

안심해도 되는 것일까?

대다수의 다이옥신은 쓰레기 소각장에서 발생한다고 볼 수 있다. 이를 이해하기 위해서는 먼저 완전 연소complete combustio와 불완전 연소incomplete combustion를 짚고 넘어가야 한다. 완전 연소는 물질이 공기 속의 산소에 의해 모두 산화되는 것을 의미한다. 충분한 온도와 산소가 필수적이며, 일반적으로 휘발유, 경유 등의 탄화수소들이 완전 연소되면 이산화탄소carbon dioxide와 수증기가 형성된다. 하지만 연소 온도가 낮고, 산소가 충분하지 않으면 불완전 연소하게 되는데, 이때 일산화탄소carbon monoxide나 그을음 등이 발생한다.

특히, 염소를 함유한 유기화합물이 불완전 연소를 하면 앞서 언급했던 여러 다이옥신이 형성될 수 있다. 각종 여러 가지

쓰레기 소각장에서 불완전 연소된 염소 화합물들은 다이옥신 발생의 원인이 된다.

쓰레기 내에는 염소 원자가 어떤 식이든 포함돼 있을 가능성이 높다. 따라서 쓰레기 소각장에서 다이옥신의 생성 가능성이 매우 높아지는 것이다.

만약 쓰레기 소각장에서 불안전 연소를 통해서 배출된 다이옥신이 각종 재나 연기를 통해서 주변으로 날아가게 된다면 어떤 일이 발생할까? 다이옥신이 떨어진 소각장 주위의 식물을 동물이 먹고, 이 동물을 우리 인간이 먹으면 다이옥신은 우리 몸속으로 들어오게 된다. 또는 배출된 다이옥신이 비를 통해서 강으로 바다로 흘러 들어가고, 그 다이옥신을 먹은 어류를 우리가 다시 먹게 되어도 마찬가지로 우리 몸속에 다이옥신이 들어올 수가 있다.

이럴 수 있는 이유는 바로 다이옥신의 화학적 특성 때문이다. 다이옥신은 물에 녹지 않고 지방에 잘 녹는다. 따라서 동물의 몸속에 들어오면 소변 등으로 배출되지 않고, 지방조직에 쉽게 축적된다. 결국 다이옥신을 먹은 동물은 몸속에 그대로 다이옥신을 간직하게 되고, 이를 먹은 인간 역시 이 다이옥신을 그대로 몸속에 흡수시킨다. 결국 소, 닭, 돼지고기, 우유 같은 동물성 지방을 많이 섭취하면, 다이옥신에 노출될 가능성도 비건vegan과 같은 완벽한 채식주의자들에 비해서 상대적으로 크다.

동물성 지방 섭취를 통한 다이옥신 노출 가능성도 높지만, 담배 연기를 통해서도 다이옥신에 노출될 수 있다. 담배 역시 불완전 연소를 겪게 되면 다이옥신을 만들어내고, 이는 담배 연기를 통해 주변으로 쉽게 퍼진다. 간접흡연이 치명적인 이유에 다이옥신이 한 몫 하는 것이다.

기저귀의 다이옥신

그럼 기저귀에서는 도대체 왜 다이옥신이 검출되었던 것일까? 기저귀를 쓰레기 소각장 옆에서 만들기라도 하는 것일까? 아니면 기저귀 공장 내 근로자들이 담배를 많이 펴서 그런 것일까? 현재 이 원인에 대해서는 아직도 명확히 결론이 나지 않았다. 필자의 소견으로는 기저귀 소재로 사용되는 펄프를 하얗게 표백하는 과정 중 염소계 물질이 쓰이면서 화학반응을 통해 일부 다이옥신이 만들어진 것으로 추정된다. 마치 베트남 전쟁에서 문제가 됐던 고엽제에서 특정 제초제 성분을 만드는 과정의 부산물로서 위험한 TCDD가 만들어지듯이 말이다. 물론 시간이 좀 더 흘러서 조사가 완료되면 명확하게 그 생성 메커니즘이 밝혀질 것으로 믿는다. 적은 양이 검출돼서 안전하다고 주장하는 이들도 있지만, 아기들에 대해서 함부로 그렇게 단정지을 수 없는 경우가 많기 때문에 정부, 기업 모두 신경을 더 써야 하는 것이 분명하다.

10

구강청결제의 문제점

COVID-19가 2020년을 강타한 뒤, 그와 관련된 다양한 이슈가 화제가 되고 있다. 잠깐 유행하다 잠잠해질 줄 알았던 코로나바이러스가 이렇게 전 세계를 강타하고, 일상을 송두리째 바꿀 줄은 아무도 몰랐을 것이다. 너무 오랫동안 코로나바이러스에 갇혀 있다 보니, 그 사이에 바뀌게 된 일상이 매우 많은데, 하나는 바로 '항균'에 대한 관심이 크게 증가했다는 것이다.

요새는 온/오프라인 시장에서 항균이라는 키워드를 찾는 건 전혀 어려운 일이 아니며, 항균 표시가 없으면 괜스레 불안해지는 것도 사실이다. 이런 분위기 속에서 구강청결제도 많은 관심을 받고 있다. 원래 구강청결제는 입냄새를 제거하거나, 양치를 하기 어려운 상황 또는 자기 전에 입을 헹구는 목적으로 널리 사용되었다가 이제는 입안의 균을 수시로 제거하는 목적으로 많이 애용되고 있다.

식후에 구강청결제로 간단히 헹구기만 해도 입 안이 한결 상쾌해지는 기분이다.

과거에는 구강청결제의 알코올alcohol 성분만 문제가 되었다. 구강청결제를 사용했을 뿐인데, 입 안에서 오히려 구취가 발생할 수 있다는 가능성 때문이었다. 실제 구강청결제의 성분표를 보면 에탄올ethanol 또는 에틸 알코올ethyl alcohol이라는 표현을 쉽게 볼 수가 있는데(두 표현은 같은 물질을 가리킨다), 이러한 알코올 물질들은 휘발성이 매우 뛰어나다. 따라서 구강청결제를 과도하게 사용하면 입 안의 수분들이 알코올과 함께 휘발하게 되면서 오히려 입 안이 건조해지는 결과를 초래했다. 입 안이 건조해지면, 박테리아가 번식하기가 쉬워지므로 입냄새가 오히려 더 심해질 수 있다.

무알코올 구강청결제도 조심히

그래서 요새는 '무알코올 구강청결제'가 큰 각광을 받고 있다. 그동안 방송 등을 통해서 꾸준히 알코올 성분의 문제를 제기했기 때문에, 산업계에서 그에 발빠르게 대응했다고 보면 되겠다. 그럼 알코올이 없는 구강청결제는 전혀 문제가 없는 것일까? 안타깝게도 여전히 과도한 구강청결제 사용은 오히려 구강질환을 유발할 수 있다는 문제가 제기되고 있다. 왜 알코올이 없는 구강청결제를 사용해도 문제가 발생할 수 있는 것일까?

구강청결제에 사용되는 성분들을 몇 개 살펴보자. 흔히 볼 수 있는 성분 중에 클로르헥시딘chlorhexidine이라는 물질이 있는데, 이 물질은 흔히 살충제, 콘택트렌즈 세정제, 방부제 등으로 사용되는 물질이며, 상처 치료에도 사용되는 범용물질이다. 그런데 클로로헥시딘에 반복적으로 피부가 노출되면 피부가 손상을 입는다는 결과가 동물 실험을 통해 밝혀졌다.

그리고 염화 세틸피리디늄cetylpyridinium chloride도 흔하게 볼 수 있는 성분인데, 역시 의약품, 살균제, 보존제 등으로 사용되는 범용 화학물질이다. 또 계면활성제로 작용하여 여러 물질을 섞이게 해주는 소듐 라우릴 설페이트sodium lauryl sulfate도 구강청결제에 사용되고 있다. 하지만 이 두 물질 역시 피부에 대한 자극성이 있기 때문에 사용에 주의를 기울여야 한다.

결국 무알코올 구강청결제라고 해도, 피부에 자극이 되는 물질들이 함유돼 있는 경우가 많기 때문에 항상 주의가 필요하다고 보면 되겠다. 또한 사용하는 구강청결제로 인해 입냄새가 유발될 수도 있고, 각종 살균제와 계면활성제 때문에 언제든지 구강질환을 유발할 수 있다는 사실을 인지해야 한다. 구강청결제를 사용하면서 문제가 있다고 느껴진다면, 바로 사용을 중지하는 게 바람직하다.

11

셀프로 치아 미백하지 마세요

바야흐로 셀프 치아 미백의 시대이다. 일단 하얀 치아에 대한 관심이 무척 높고, 인터넷에서 손쉽게 셀프 미백에 대한 방법을 습득할 수 있기 때문에, 스스로 치아를 미백하는 사람들이 흔해졌다. 과거에는 치아 미백을 위해서 치과를 가야만 했는데, 미백 비용이 만만치 않았다. 또 미백용 치약의 비싼 가격과 신뢰할 수 없는 효능 때문에 셀프 미백에 대한 관심이 늘어나는 것은 어찌 보면 당연한 일이다.

흔히 언급되는 치아를 셀프로 미백을 하는 방법에는 무엇이 있을까? 하나는 바나나 껍질의 안쪽이나 레몬 껍질로 치아표면을 문지르는 것이다. 또 베이킹 소다를 치약 대용으로 사용하거나, 과산화수소를 치아에 직접 노출시키는 방법 등이 제시되고 있다. 이런 방법들은 과연 정말로 치아를 희게 하는 효과가 있을까?

치아의 표면을 들여다보라

특수 현미경으로 치아의 표면을 관찰해보면, 우리가 평소에 생각하는 것만큼 매끄럽지는 않은 것을 볼 수 있다. 그래서 미세한 음식물들이 거친 표면 사이사이에 낄 수 있고, 제때 양치질을 하지 않으면 음식물을 양분으로 삼는 충치균에 의해 쉽게 썩어 색이 변한다.

치아 표면 사진에 보이는 검은 점들은 미세한 구멍pores들이다. 이 구멍들 사이로 우리가 먹는 음식물들, 특히 액체류는 매우 쉽게 침투할 수 있다. 검은 점이 많이 관찰되는 것을 볼 때, 많은 미세 구멍으로 인해 치아의 실제 표면적은 매우 넓다. 마치 숯이 미세구멍이 많기 때문에, 표면적이 매우 넓어서 제습기의 기능을 갖는 것을 생각하면 된다. 치아 표면의 미세한 구멍

치아 표면을 현미경으로 들여다보면, 무수한 검은 점들(구멍)과 거친 굴곡을 볼 수 있다.

을 통해 수많은 음식물들이 들어가는데, 그 음식물들이 다 제거되지 않고 구멍 내에서 잔류하면, 시간이 흐를수록 치아가 점점 노랗게 변하게 된다. 그래서 커피나 홍차같이 색이 있는 음료를 마시고 난 뒤에는 물로 꼭 헹궈 주라는 말이 나오게 된 것이다.

올바른 치아 미백을 위하여

결국 치아를 원래의 색인 흰색으로 돌아오게 하려면, 이렇게 침착되어 있는 음식물이나 색소들을 제거해야 한다. 앞서 열거한 방법들은 과연 여기에 효과가 있을까? 바나나 껍질과 레몬 등에 존재하는 구연산은 충분히 이런 물질들을 분해할 수 있다. 베이킹 소다는 물에 녹아 알칼리성을 띠는데, 역시 이러한 물질들을 녹여서 제거하는 게 가능하다. 그리고 과산화수소는 미백용 치약이나 치과에서 사용하는 미백 젤 안에 포함돼 있는, 널리 사용되는 미백 물질로 효능이 입증된 것이다. 따라서 앞서 열거한 물질들이 미백에 어느 정도 효과가 있다는 것이 전혀 틀린 말은 아니다.

그럼 이런 물질들은 전혀 문제가 없는 것일까? 먼저 미백용 치약의 효과부터 언급해 보자. 어떤 사람들은 미백용 치약의 효과를 보기도 하지만, 어떤 사람들은 효과를 거의 느끼는 못하기도 한다. 그 이유는 미백 치약 내의 과산화수소의 양이 많지 않기 때문이다. 치약 회사에서 일부러 과산화수소의 양을 줄인 것은 아니고, 안전성 때문에 과산화수소의 양을 최소화해서 사용하고 있다. 치과에서 사용하는 미백 젤의 효과를 더 크게 느끼는 이유는, 그 미백 젤 안에는 과산화수소의 양이 상대적으로 많기 때문이다. 이런 안전성 문제 때문에, 치과 의사는 반드시 환자의 치아 상태를 확인하면서 미백 젤의 양을 조절하여 사용하도록 하고 있다.

약은 약사에게, 치아는 치과 의사에게

치약 회사와 치과 의사들이 과산화수소의 안전성을 고려하는 이유는 뭘까? 과산화수소는 강력한 산화제로, 보통 산소계 표백제로 널리 사용되는 물질이다. 산화제는 다른 물질을 산화시켜서 불안정하게 만들어버리는 물질이다. 세탁에 사용하면 때가 산화되면서 불안정해지기 때문에, 손쉽게 분해하여 옷을 깨끗하게 만들 수 있다. 치아에 사용하면 찌꺼기들을 산화시켜 치아 표면 및 구멍에서 제거함으로써 미백 효과를 보이는 것이다.

그런데 과산화수소의 산화 능력은 피부 세포와 치아 자체에 그리 좋은 영향을 끼치지는 않는다. 과산화수소는 치아의 구성 부분인 법랑질(겉)과 상아질(안)을 손상시킬 수 있다. 심지어 잇몸이 자극되면서 심각한 영향을 끼칠 수도 있다. 그래서 미백용 치약이나 미백 젤에서는 치아와 잇몸에 해가 되지 않을 정도로 그 사용량을 제한하고 있는 것이다.

뿐만 아니라, 바나나껍질이나 레몬 등에 존재하는 구연산의 산성 성질 역시 치아의 법랑질과 상아질을 손상시킨다. 대표적인 산성 음료인 콜라에 치아를 담그자 2~4주 사이에 치아가 완전히 녹아 사라지는 것을 보면, 치아가 산성 물질에 얼마나 취약한지 쉽게 알 수 있을 것이다. 따라서 바나나 껍질이나 레몬으로 치아를 문지르는 행위는 위험한 행동이다. 치아가 손상되면 신경에까지 영향을 끼칠 수 있기 때문에 더더욱 조심해야 한다. 베이킹 소다 역시 마찬가지이다. 베이킹 소다의 알칼리성 성질도 치아 표면을 손상시키고, 잇몸에도 해로울 수 있다.

셀프 치아 미백이 치아와 잇몸에 끼치는 해로움을 살펴보았다. 자가로 치아를 미백하다가 잇몸이 상하거나 치아가 부식되어 별도의 치과치료를 받는 사례들이 속속들이 등장하고 있다. 따라서 스스로 치아상태를 판단할 수 없다면, 셀프 미백을 하는 것은 좋을 것이 없는 행위이다. 미백에 관심이 있다면 차라리 양치질을 꼼꼼히 하고, 커피나 단 음료를 줄이는 것이 도움이 될 것이다. 물론 치과에서 전문적으로 미백하는 것이 가장 바람직하다. 효과가 있다는 수많은 정보들 중에는 안전성이 입증되지 않은 것들이 매우 많으니, 늘 주의해야 한다는 사실을 잊지 말기를 바란다.

12

영수증은 장난감이 아니다

필자에게 한 방송국 뉴스 기자로부터 전화가 한 통 걸려왔다. 핸드크림을 바른 손으로 영수증을 만지면 위험하다는데, 사실이냐는 문의였다. 우리가 하루에도 몇 번씩 받게 되는 영수증이 위험하다는 말에 기자가 많이 의아하고 놀란 듯했다. 왜 이런 의문이 제기된 것일까?

영수증에서 환경호르몬이?

먼저 우리가 시중에서 받는 영수증에는 어떤 물질이 쓰이는지 알아보는 것에서부터 시작해보자. 시중에서 받는 영수증을 모아서 잘게 자른 뒤 특정 용매에 담근 뒤 살펴보는 실험을 해보았다. NMRnuclear magnetic resonance이라고 불리는 장비를 이용해서 용매를 통해 영수증에서 추출된 성분을 분석하였다. 그 결과 환경호르몬으로 알려진 비스페놀-ABisphenol-A, BPA가 검출된 것을 확인할 수 있었다. 왜 영수증에서 그 위험하다는 환경호르몬이 검출된 것일까?

먼저 영수증의 원리를 간단히 이해해야 한다. 영수증에는 열을 받으면 색이 변하는 감열지(열에 반응하는 특수한 종이)가 사용된다. BPA는 색을 나타내는 '현색제'에 들어가기 때문에 위와 같은 실험에서 BPA가 검출되는 것은 사실 그리 놀랄 만한 일은 아니다. 보통 영수증 무게의 1~2% 정도의 BPA가 함유되어 있다고 보면 된다. (꽤 많은 양이다!)

겨울철에 더 조심해야 하는 영수증

영수증은 어차피 먹는 게 아니니까 괜찮다고 생각할 수도 있다. 그런데 문제는 다른 곳에 있다. 손에는 핸드크림이나 각종 화장품이 발라져 있을 때가 많다. 특히 건조하여 손이 쉽게 트는 겨울철에는 핸드크림을 바르는 횟수나 양이 늘어나기 마련이다. 여기서 심각한 문제가 발생할 수 있다. 핸드크림 내에는 여러 가지 물질을 녹여낼 수 있는 다양한 용매solvent와 계면활성제surfactant가 들어 있는데, 이러한 물질들은 영수증에서 BPA를 녹여낼 수 있다.

실제로 필자의 연구실에서 실험해보았을 때, 핸드크림을 바른 손으로 영수증을 문질러보니 영수증에 인쇄된 잉크가 손쉽게 녹아 나왔다. 이때 BPA도 같이 녹아 나온다. 극소량 묻어나오는 게 뭐 그리 놀랄 일이냐고 반문하는 사람도 있을 것이다. 하지만 최근 외국 연구팀의 연구결과를 보면 단순히 무시하고 넘어갈 일이 아니라는 것을 쉽게 알 수가 있다.

미국 미주리 대학의 연구팀은 PLoS One이라는 저널에 손 세정제나 핸드크림 사용 후 감열지를 만지면, BPA 흡수가 촉진된다는 연구결과를 발표해서 세상을 놀라게 한 적이 있다. 이 연구팀은 우리가 섭취한 BPA는 99%가 간장을 통해 신속하게 제거될 수 있지만, 피부를 통해 침투한 BPA는 간장에서 바로 걸러지지 않고, 오랜 시간 혈액 속에 남아있다고 밝혀 큰 파장을 불러일으켰다.

핸드크림을 바른 손으로 영수증을 몇 초만 잡고 있어도 허용기준치를 뛰어넘는 BPA가 피부를 통해 체내로 들어갈 수 있다

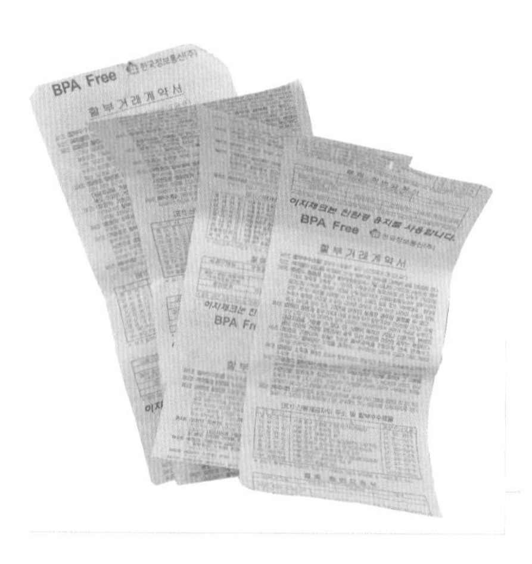

영수증 뒷면에 BPA free라고 적혀 있으면 일단 안심해도 좋을 것이다.

고 하니 무심코 받는 영수증을 우습게 보면 안 될 것이다. BPA는 성 조숙증을 유발하고 생식기능에 문제를 일으키는 매우 위험한 물질로 알려져 있다. 그런데 마트의 식당가 같은 곳을 가면, 어린 아이들이 영수증을 가지고 노는 모습도 심심치 않게 보이고, 엄마가 영수증을 만진 손으로 아이에게 음식을 먹여주는 장면 또한 어렵지 않게 볼 수 있다. 영수증의 위험성에 대해 숙지하지 못 한 탓이리라.

그렇다면 '영수증 받기 거부 운동'이라도 벌여야 하는 것일까? 지나가는 말로 "임산부는 영수증 만지는 것도 조심해야 한다"라는 말을 들은 적이 있다. 하지만 임산부뿐만 아니라 우리 모두가 다 조심해야 하는 것이 바로 영수증이라는 것을 잊으면 안 되겠다. 그나마 영수증의 뒷면에는 BPA가 없다고 하니, 영수증을 집을 때 이를 참고하면 좋을 것이다. 또 요즘에는 BPA free 용지를 사용하는 곳도 늘어나고, 전자영수증의 발행도 활발히 이루어지고 있으니, 적극적으로 활용하는 것도 하나의 방법이다.

국제암연구소 발암성 물질 분류 · 평가 기준

세계보건기구 산하의 국제암연구소에서는 여러 물질을 일정한 기준으로 평가하여 발암성 등급을 분류하고 있다. 그 기준은 인체와 동물 실험에 대해서 얼마나 강력한 증거가 있는지, 또 발암성 물질의 주요 특성을 나타내는지의 여부이다.

1군 발암성 물질은 인체의 발암성에 대한 강력한 증거가 있으면서 발암성 물질의 주요 특성을 나타내고, 실험 동물의 발암성에 대해서도 충분한 증거가 있는 물질이다.

2A군과 2B군 발암성 물질은 다음 세 가지 평가 중 몇 개의 기준을 만족하는지로 나눈다. 두 가지 이상에 포함된다면 2A군, 한 가지에만 포함된다면 2B군이다.

1. 인체의 발암성에 대한 제한적인 증거
2. 실험 동물의 발암성에 대한 충분한 증거
3. 발암성의 주요 특성을 나타낸다는 강력한 증거

3군 물질은 1군, 2A 및 2B군에 포함되지 않는 물질이다. 그러나 3군 물질은 발암성에 대한 증거가 아직 없다는 것이지, 실제로 발암성을 띠지 않는지는 확실하지 않다. 즉, 발암성에 대해 분류할 수 없는 물질이다.

어떤 물질의 발암성 등급을 쉽게 알 수 있는 방법은 없을까? 다행히도 식품의약품안전평가원의 독성정보제공시스템을 이용하면 화학물질의 발암성 분류를 검색할 수 있다. 만약 일상생활을 하면서 발암성 정보가 궁금한 화학물질이 있다면 적극적으로 이용해보자.

그룹	정의	대표 물질
1군	인체 발암성 물질	폼알데하이드, 미세 먼지, 염화비닐, X선, 가공육, 고엽제, 벤젠, 석면, 자외선, 흡연 및 간접흡연 등등
2A군	인체 발암성 추정 물질	탄화 규소, DDT, 납, 미용 업무, 튀김 및 튀김 과정, 야간근무 등등
2B군	인체 발암성 가능 물질	배기 가스, 고사리, 나프탈렌, 아세트알데하이드, 타이타늄 다이옥사이드, 휘발유 등등
3군	인체 발암성 미분류 물질	프레드니손, 클로르퀸, 에폴레이트 등등

독성정보제공시스템

2장

우리의 음식, 안전한 걸까?

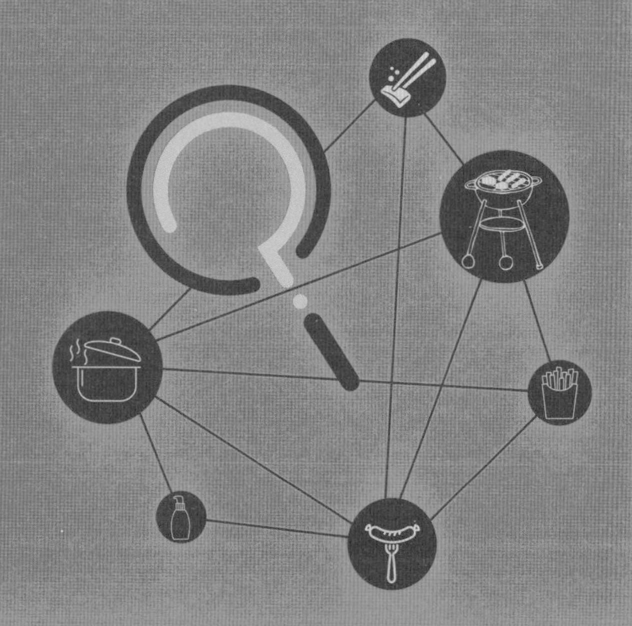

01

소시지가 담배 연기만큼 해롭다고?

부대찌개, 김밥, 소시지 야채 볶음, 핫도그, 샌드위치의 공통점은 무엇일까? 맛있다는 공통점 외에 또 다른 공통점은 바로 햄, 소시지 같은 가공육을 쓴다는 점이다. 이러한 가공육 덕분에 우리는 다양한 음식을 만들어 먹는 즐거움을 향유하며 살아가고 있다. 가공육에는 어떤 진실이 숨어있을까?

최근 WHO 산하의 국제암연구소의 보고서에서 소시지, 베이컨 등의 가공육을 발암 위험성이 큰 1군 발암물질로 분류하면서 세상을 떠들썩하게 하였다. 해당 보고서에는 매일 50g의 가공육을 먹으면 직장암에 걸릴 위험이 18% 정도 높아진다는 구체적인 수치까지 제시하였다. 그동안 국제암연구소는 1군 발암물질로 담배연기, 햇볕, 엑스선, 석면, 라돈 등을 지정했는데, 기존에 많이 위험하다고 인식하던 담배연기와 가공육이 동급이라는 말에 사람들은 큰 충격을 받았다. 시장의 반응이 너무 뜨겁고 사람들의 걱정도 너무 커지자, WHO는 전적으로 섭취를 중단할 필요는 없다며 진정시키려 하였지만, 사람들의 뇌리 속에 큰 자국을 남겨버렸다.

우리나라에서도 각 단체에서 성명서가 잇따르기도 하였다. 한국육가공협회는 '매일 50g을 섭취하면 연간 18.3kg인데, 우리나라 국민 1인당 연간 소비량은 4.4kg'이라며 사람들을 진정시켰다. 대한의사협회도 '우리 국민의 가공육 섭취량으로 볼 때, 우려할 수준은 아니다'라고 밝혔다. 덧붙여 '역학자료의 출처가 대부분 해외인 만큼 우리나라 국민의 섭취량과 관련된 발암물질 함유량, 발암 관련 정보 등에 대해 더 정확한 분석이 요구된다'고도 발표하였다.

대략적인 상황을 정리해 보자. 가공육이 해로운 것은 맞는데, 우리나라 국민의 섭취량으로 봤을 때 그렇게 걱정할 필요는 없다고 할 수 있을 것 같다. 가공육이 해로운 이유는 무엇일까? 가장 대표적인 이유로 가공육에 들어가는 첨가물, 특히 아질산나트륨sodium nitrite $NaNO_2$을 꼽는 경우가 많다.

아질산나트륨은 왜 사용할까?

아질산나트륨은 고기에 함유되어 있는 미오글로빈myoglobin 또는 헤모글로빈hemoglobin과 결합하는데, 이를 통해 가공육의 빛깔을 복숭앗빛으로 만든다. 이것이 우리가 먹는 가공육의 색깔이 주로 선홍빛을 띠는 이유이다. 이런 발색제 역할만을 위해서 아질산나트륨을 사용한다고 생각하면 오산이다. 아질산나트륨은 보툴리누스 식중독의 원인균인 보툴리누스균*clostridium botulinum*의 성장을 억제시킬 수 있어서 보존제로서의 역할도 톡톡히 하고 있다. 그뿐만이 아니다. 아질산나트륨은 지방질의 산화를 지연시킴으로써 가공육의 품질저하를 막아주고, 특유의 향미까지 부여할 수 있으니 이보다 더 효자(?) 첨가물을 찾기가 그리 쉽지가 않다. 게다가 비용마저 저렴하니, 모든 식품회사들에게 최고의 첨가물로 자리 잡게 된 것이다.

아질산나트륨은 왜, 그리고 얼마나 해로울까?

그럼 아질산나트륨 자체의 독성은 어떨까? 아질산나트륨과 같은 아질산염은 기본적으로 독성이 강하다고 알려져 있어서, 우리나라는 식품위생법에 의해서 규제 관리를 하고 있다. 규제 기준은 아질산염에서 생기는 아질산 이온에 대해 어육햄과 어육소시지류는 1kg당 0.05g 이하, 명란젓은 1kg당 0.005g 이하, 식품가공육은 1kg당 0.07g 이하이다. 즉, 독성은 있지만 정부에서 관리하고 있으므로, 합법적인 식품첨가물이라고 보면 정확하다. 그런데 문제는 아질산나트륨 자체의 독성에 있지가 않다.

아질산나트륨은 우리 몸 안에서 발암물질인 니트로소아민nitrosoamine이 형성되게 한다. 니트로소아민은 자연계에 널리 분

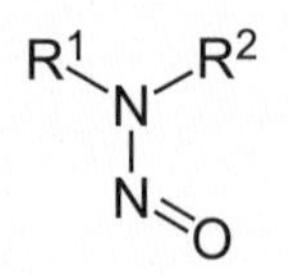

니트로소아민의 화학구조

포하는데, 동물의 여러 장기에 악성종양을 형성할 수 있는 아주 고약한 물질이다. 우린 아질산나트륨을 먹었는데, 도대체 왜 발암물질인 니트로소아민이 몸속에서 형성된 것일까?

아질산나트륨이 산성 조건에서 아민amine이라는 화합물을 만나면 니트로소아민이 형성된다. 우리 몸에서는 위가 위액 때문에 산성acid 조건을 띤다. 게다가 고기에는 아민이 풍부하다는 사실이 더해지면, 우리 몸 안에서 어떤 일이 벌어질지는 쉽게 상상할 수 있을 것이다. 즉, 아질산나트륨을 머금은 가공육이 우리 위 속으로 들어오게 되면, 위의 산성 조건에서 가공육의 아민과 화학반응을 일으키게 된다. 그 결과로 우리 위 속에서 발암물질인 니트로소아민이 형성되는 것이다.

식품별 아질산 이온의 잔존량에 대한 규제

어육햄류	0.05g/kg 이하
어육소시지	0.05g/kg 이하
명란젓	0.005g/kg 이하
식품가공육	0.07g/kg 이하

출처: 식품위생법 행정규칙 식품의 기준 및 규격 제2021-54호(21.6.29)

국제암연구소에서 가공육으로 연구를 했을 때, 각종 발암가능성을 확인할 수 있었던 이유가 바로 이 니트로소아민에 있다. 니트로소아민은 당연히 많이 먹을수록 위험가능성이 더 커지는데, 현재 우리 국민의 평균 섭취량을 고려하면 아직은 괜찮다는 입장이다. 담배 연기가 암을 일으키는 아주 위험한 물질이라고 해서, 우리가 우연치 않게 지나가다가 담배연기를 흡입했다고 암에 걸릴 것을 걱정하지는 않는다. 마찬가지로 부대찌개를 약간 먹었다고 해서 암을 걸릴 것을 걱정하는 것은 기우이다. 그보다 지구 어디선가 일어나고 있는 테러 걱정을 하는 게 더 나을 것이다.

소시지는 비타민 C와 함께

하지만 영국 암 저널British Journal of Cancer에 실린 연구결과에서, 스웨덴 연구진은 하루에 소시지 1개 또는 베이컨 2조각 이상 정도의 소량만 꾸준히 섭취해도 췌장암 발병 가능성이 높아진다고 발표한 바 있다. 참고로 췌장암은 5년 이상 생존할 가능성이 3%밖에 안될 정도로 매우 위험한 암으로 분류되는 질병이다. 스마트폰 신화를 이끌고 혁명가로 불리웠던 스티브 잡스와 축구 영웅 유상철 감독도 췌장암을 끝내 이겨내지 못하고 사망한 것은 잘 알려진 사실이다. 따라서 가공육을 먹었다고 해서 암에 걸릴 것 같은 공포감에 휩싸일 필요는 없지만, 꾸준히 매일 많이 먹을 필요도 없다.

그래도 공포를 느낀다면? 독자들을 위해 하나의 팁을 알려드리겠다. 아질산나트륨이 고기의 아민을 만나 니트로소아민이 형성되는 반응은 비타민 C에 의해 억제되는 것으로 알려져 있다. 따라서 가공육을 먹고 비타민 C 영양제 한 알을 먹으면 암에 대한 걱정도 덜고, 건강하게 사는 비결이다. 부디 장수하길 바란다.

추신. 아질산나트륨($NaNO_2$)을 대체하기 위한 첨가제가 개발되어, 특정 회사에서 사용 중이다. 맛이 기존 햄과 달라졌지만, 이는 사람마다 취향이 다르므로 큰 단점까지는 아니라고 본다. 아직까지는 위험성에 대해 명확히 밝혀진 바는 없다. 아무 걱정 없이 먹어도 되는 첨가물인지는 좀 더 시간이 흐른 뒤에 명확히 밝혀질 것으로 보인다.

02

감자 튀김을 먹으면 암에 걸리나요?

우리나라 치킨집 매장의 수는 전 세계 KFC 매장의 수보다 많다고 한다. 이 얘기를 외국인들에게 해주면, 다들 믿지 못하겠다는 표정을 지으며, 한국인들은 닭고기를 무척 사랑(?)하는 민족으로 생각하곤 한다. 실제 치킨집에서 주문하려고 메뉴를 보면, 너무나 많은 치킨요리의 종류에 놀라고, 계속해서 맛있는 메뉴를 개발해내는 한국인의 능력(?)에 늘 감탄해 마지 않는다.

우리나라 사람들은 치킨요리도 좋아하지만, 얼마 전까지 허니맛 열풍을 주도했을 정도로 감자칩이 대세였던 적도 있다. 지금도 계속해서 새로운 맛이 가미되거나 식감과 모양에서 차별화한 감자칩들이 출시되고 있다. 이런 치킨에 대한 사랑과 감자칩 열풍과 함께 필자가 가장 많이 들었던 질문이 하나 있었다. "치킨이나 감자칩은 몸에 해롭지 않나요?" 아마도 예전에 감자칩이나 치킨 관련 뉴스 때문에 사람들 머릿속에 아직도 그러한 인식이 심어져 있는 듯하다.

감자칩의 아크릴아마이드

이 소문의 실체는 무엇일까? 후라이드 치킨, 감자칩이나 감자튀김에는 아크릴아마이드acrylamide가 있는데, 이 물질이 아주 몸에 해롭다는 것이다. 먼저 아크릴아마이드라는 물질이 정말 치킨, 감자칩이나 감자튀김에 있는지를 확인해보자. 닭고기와 감자에는 아스파라긴asparagines이라는 아미노산amino acid이 들어 있다. 그리고 튀김가루와 감자에는 포도당glucose과 같은 환원당reducing sugar이 존재한다. 이러한 환원당들이 고온에서 아스파라긴과 반응하면 아크릴아마이드가 형성된다. 그래서 고온에서 튀겨서 만드는 치킨 및 감자칩과 감자튀김에는 아크릴아마이드가 있다는 것은 사실이다.

그럼 치킨 및 감자칩이나 감자튀김에 꼭 들어있다는 아크릴아마이드는 얼마나 위험한 물질일까? 기본적으로 동물에게는 발암물질로 알려져 있고, 국제암연구소에서는 최근 이 물질을 2A군

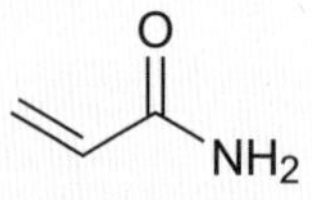

아크릴아마이드

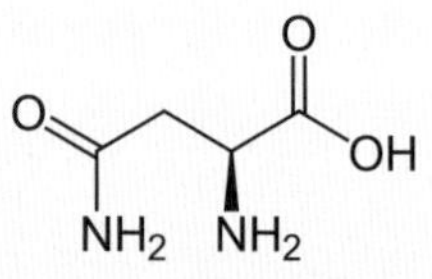

아스파라긴

의 발암물질(발암성 추정 물질)로 규정하고 있다. 아직까지 사람에게 암 발생 사례는 없지만 우려물질로 분류하고 있는 것이다.

다른 영향에 대해서도 눈여겨볼 필요가 있다. 사람의 뇌세포에는 뉴런neuron이라는 것이 있는데, 뉴런은 신호를 전달하는 신경세포의 기본단위이다. 그런데 이 아크릴아마이드는 뉴런에 이상을 일으킬 수 있다고 알려져 있다. 뉴런이 교란되면 사람에게는 각종 마비증상이 올 수 있다.

감자칩이 먹고 싶어요

이쯤 되면 독자는 후라이드 치킨 및 감자칩과 감자튀김을 먹지 않아야겠다고 생각할 것이다. 실제로 최근 WHO에 따르면 몸무게 60kg인 성인이 매일 아크릴아마이드 내사물질 60mg을 섭취할 경우 암에 걸릴 확률이 500배 높아진다고 경고까지 했었다.

물론 이 실험결과가 아크릴아마이드가 해롭다는 것을 보여주는 것은 맞지만, 우리는 치킨이나 감자칩에 실제 존재하는 아크릴아마이드의 양에 초점을 맞춰야 한다. 감자칩 업계에서는 꾸준히 아크릴아마이드 생성의 저감화를 추진해서였는지 현재 시판되는 대다수의 감자칩 안에는 아크릴아마이드의 양이 1ppm 이하로 존재하는 것으로 확인되었다. 1ppm이라고 생각하고 계산해보면, 매일 60mg을 먹기 위해서는 매일 1봉지에

80g 정도 하는 감자칩을 약 750봉지를 먹어야 한다는 계산결과가 나온다. 아크릴아마이드로 암에 걸리기 전에 위가 먼저 터져서 사망할 가능성이 더 높다. 아마도 업체에서 아크릴아마이드가 고온에서 형성된다는 사실에 착안하여 튀길 때의 온도를 최대한 낮추거나 튀김 시간을 단축함으로써 함량을 1ppm 이하까지 낮춘 것으로 보인다. 그리고 후라이드 치킨 매니아라 하더라도 매일 먹는 사람은 드물 것이기 때문에, 과도한 불안감은 가질 필요가 없겠다.

건강한 감자 요리를 위하여

지금까지 감자칩과 같이 감자를 튀긴 것에 대해서 얘기를 했는데, 그렇다면 감자 자체에는 아무 문제가 없는 것인지 궁금한 독자가 있을 것이다. 먼저 감자는 탄수화물 외에도 철분, 마그네슘, 비타민, 나이아신과 같은 인체에 필요한 영양소를 많이 함유하고 있고, 풍부한 칼륨potassium은 짠 음식을 즐겨먹는 우리나라 국민들에게 꼭 필요한 이유가 된다. 하지만 꼭 주의해야 할 사항이 있다. 감자를 꼭 튀기지는 않더라도 120℃ 이상에서 조리하게 되면, 아스파라긴과 환원당의 반응성이 활발해져서 많은 양의 아크릴아마이드가 형성된다. 따라서 기름에서 조리를 하게 되면 반드시 조리시간을 최소한으로 하는게 바람직하고, 가급적 물에 삶아서 먹는 것이 제일 좋다. 물은 끓어도 절대 100℃를 넘지 않기 때문이다.

게다가 감자를 냉동 보관하는 것도 조심해야 한다. 감자는 6℃ 이하의 온도에서는 녹말 성분이 빠르게 당분으로 변하게 되는데, 이렇게 많이 형성된 당이 나중에 높은 온도에서 조리를 하게 되면 더 많은 양의 아스파라긴과 만나게 되고, 결과적으로 더 많은 양의 아크릴아마이드를 만들어내게 된다. 하지만 냉동 보관하더라도 추후에 물에서 삶아서 먹는다면 아크릴아마이드는 형성하지 않으니 염려하지 않아도 되겠다. 앞서 강조한대로 일반적으로 우리가 치킨과 감자칩을 먹는 수준으로는 암을 걱정할 필요가 없지만, 평소 요리할 때 조리법에 신경을 쓴다면 더욱 건강한 생활을 영위할 수 있을 것이다. 아크릴아마이드가 뉴런에 영향을 줄 수 있다고 하니 말이다.

어쩔 수 없이 120℃ 이상의 기름 속에서 후라이드 치킨 및 감자를 조리하게 될 경우에는 어떻게 하면 좋을까? 레몬이나 식초를 이용하면 좋다. 감자에 미리 레몬이나 식초를 발라 놓으면, 레몬에 있는 구연산citric acid과 식초의 아세트산acetic acid이 아크릴아마이드의 생성을 획기적으로 줄일 수 있다는 연구결과가 보고된 바 있다. 이 비법을 참고하여 더욱 건강히 살길 바란다.

03

양은 냄비에 양은이 없다니

대한민국 국민 중에서 라면을 싫어하는 사람이 얼마나 있을까? 필자 역시 라면을 무척 좋아한다. 특별한(?) 사정으로 지금은 라면을 절제하고 있는 중이지만, 잘 먹을 때는 일주일에 최소 4~5개 이상은 꼭 섭취할 정도로 라면 매니아였다. 라면은 학창시절 편의점에서 친구가 컵라면을 먹을 때면 (비위생적인 걸 알면서도) 국물이라도 한 모금 빼앗아 먹게 만드는 중독성 강한 식품이 아닌가. 농림축산식품부 자료에 따르면 우리나라 국민의 1인당 연간 라면 소비 개수가 세계 1등이라고 한다. 나 같은 라면 매니아가 무척 많은가 보다. 매콤달콤한 라면은 대다수가 좋아하는 우리나라 대표적인 식품으로 자리했는데, 그렇다면 라면은 도대체 어디에 끓이면 가장 맛있을까?

사람마다 취향이 달라 명확하게 얘기할 수

는 없지만, '양은 냄비'라고 말하는 사람이 많을 것이다. 양은 냄비에 끓이면 맛있는 이유는 높은 열전도율 때문에 라면이 빨리 끓게 되고, 빨리 익으니 면발이 쉽게 불지 않아서이다. 따라서 꼬들꼬들한 면발을 즐길 수 있으니 맛있다고 느끼는 것이 아닐까 싶다. 물론 취향에 따라 불은 라면 면발을 좋아하는 있겠지만 말이다. 그래서 집에서건 밖에서건 라면을 양은 냄비에 끓이는 경우가 많은 것이다.

양은 냄비가 열전도율이 높다는 것은 집에서도 쉽게 확인할 수 있다. 냉동된 고기 위에 양은 냄비를 올려놓으면 그냥 놔뒀을 때보다 더 빠르게 해동이 된다. 열전도율이 높아서 주변의 온기를 냉동 고기에 잘 전달하기 때문이다. 그렇다면 양은 냄비는 라면을 끓일 때만 쓸까? 요새는 빙수 전문점에 가도 양은 냄비에 빙수를 담아 판매하는 경우가 많으니, 양은 냄비는 대한민국 국민에게 필수 생활용품이 아닌가 싶다.

양은의 정체

그렇다면 도대체 양은은 무엇일까? 양은nickel silver은 구리copper, 니켈nickel, 아연zinc의 합금alloy이다. 합금이란 순수한 금속에 다른 원소를 한 가지 이상 첨가하여 만든 것을 의미한다. 당연히 구성 비율에 따라서 합금의 성질은 천차만별이다. 니켈의 비중이 많으면 은백색을 띠고, 비중이 적어질수록 황색을 띠는 특징이 있다. 가공성이 뛰어나기 때문에 모조 은으로서 여러 양식기, 악기, 장식품 등에 널리 활용되고 있다. 이렇게 널리 쓰이는 양은이 도대체 뭐가 문제일까?

바로 우리가 사용하는 양은 냄비의 성분이 양은이 아니기 때문에 문제가 되는 것이다. 시판되는 대다수의 양은 냄비는 알루미늄aluminium에 노란색으로 코팅한 것이다(코팅도 알루미늄 성분이다). 그러니 양은 냄비라는 말 대신에 알루미늄 냄비라고 하는 것이 가장 정확한 표현이다. 그렇다면 왜 알루미늄 냄비가 양은 냄비로 둔갑하게 된 것일까?

먼저 그 색상에 이유가 있다. 양은과 알루미늄 모두 은백색을 띠기 때문에 일반인은 눈으로는 구별하기가 어렵다. 그리고 알루미늄은 산소와 규소 다음으로 지구상에 많은 원소이다. 다이아몬드가 양이 적어 값이 비싸듯이 알루미늄은 양이 많으니 값이 쌀 수밖에 없는 구조이다. 알루미늄 캔이 비쌌다면 여러분들은 음료수 1캔을 500~1000원 사이에 구매할 수 없었을 것이다. 값도 싸고 색깔도 은백색인 알루미늄 용기가 어느 순간 양은 냄비로 둔갑하게 된 것이다.

가짜 양은 냄비는 위험하다

그럼 알루미늄 용기에서는 어떤 일이 벌어질까? 가장 큰 문제는 뜨거운 열기 속에서 산성 물질에 노출되면, 알루미늄이 용출이 된다는 사실이다. 우리가 양은 냄비에 끓인 김치찌개나 라면을 맛있게 먹는 동안 사실 알루미늄도 같이 먹었던 것이다. 게다가 간장이나 된장 등 산이나 염분을 많이 함유한 음식은 알루미늄 냄비의 코팅을 벗겨낼 수 있으니, 냄비에 담은 채로 오랫동안 보관하는 것도 매우 위험하다는 것을 쉽게 이해할 수 있을 것이다.

알루미늄을 조심하라

그렇다면 알루미늄을 먹으면 어떻게 될까? 알루미늄은 기본적으로 체내 흡수가 적은 편이고 대부분이 몸 안의 신장을 통해 밖으로 배출이 되는 것으로 알려져 있다. 그러나 과다하게 알루미늄에 노출될 경우 구토나 설사를 일으킬 수 있다고 알려져 있다. 문제는 구토나 설사 정도라고 안심해서는 안 된다는 점이다.

알루미늄의 심각성은 바로 뇌와 연관이 되어 있다는 점이다. 알루미늄은 중추신경계와 말초신경 사이의 교환을 조절하는 뇌혈관장벽 기능에 영향을 준다고 알려져 있다. 결과적으로 호르몬, 독소 등이 뇌에 접근할 수 있게 되고, 결국 중추신경계의 기능에 장애를 일으킬 수 있다. 영국의 크리스토퍼 엑슬리 교수 연구팀은 알루미늄이 치매와 연관성이 있다는 연구결과를 발표해 화제를 모으기도 하였다.

보건복지부 자료에 따르면 우리나라는 2025년에 65세 이상 인구가 1,033만 명에 이르며, 이 중 치매환자가 약 103만 명에 도달할 것이라고 한다. 우리나라 인구가 약 5천만 명인데 무려 100만 명이 치매 환자라니, 심각한 일이 아닐 수 없다. 모든 치매가 이러한 알루미늄 때문이라고 말할 수는 없지만, 일단 영향을 미치는 것으로 알려져 있는 이상 어떠한 대책이 필요한 것은 분명하다. 치매에 걸리지 않더라도 뇌에 영향을 미친다고 알려져 있는 만큼, 전 국민이 분명히 인지하고 조심해야 할 부분이다.

04

매운맛 다이어트의 명과 암

한국 사람들은 매운맛을 무척 사랑한다. 식당에는 매운 메뉴가 늘 있고, 초등학생만 돼도 매운 김치를 어렵지 않게 먹곤 한다. 필자가 전 세계 모든 곳을 가보지는 못했지만, 외국에 나가보면 매운맛을 즐기는 사람은 찾기가 쉽지가 않다. 피자를 먹더라도 '매운 칠리소스'는 극소수의 사람들만 소량 묻혀서 먹는 정도이다.

그렇지 않아도 매운맛을 즐기는데, 매운맛이 다이어트에도 효과가 있다는 소문이 돌면서 더더욱 많은 관심을 받고 있다. 실제로 미국의 와이오밍 대학의 약학대학 연구팀은 고추의 캡사이신capsaicin 성분이 체중 증가를 억제하는 효과가 있다는 연구결과를 발표해 화제를 모았다. 연구팀은 캡사이신을 먹인 쥐들의 대사활동이 활발해져서 결과적으로 체중 증가가 억제되었다고 보고하였다. 캡사이신이 우리 몸 안에 들어올 경우, 교

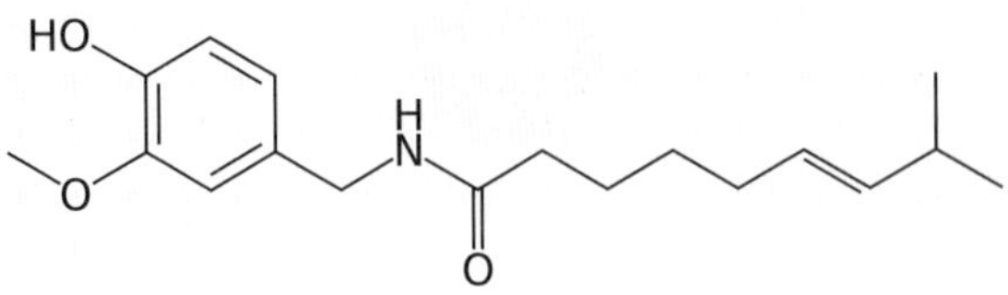

캡사이신의 화학구조

감 신경을 자극하게 되고, 결과적으로 아드레날린adrenaline의 분비를 촉진시킴으로써 신진대사가 활발해지게 되는 것이다. 결국 우리 몸 안의 지방을 연소하게 되고 이는 우리에게 다이어트 효과를 불러일으킨다.

게다가 연세대학교 의과대학 이용찬 교수 연구팀은 헬리코박터 파일로리*Helicobacter pylori*에 감염된 사람의 위에서 캡사이신이 염증 억제 효과까지 있다는 것을 발표하기도 하였다. 매운 김치를 즐겨먹는 한국인에게 이보다 더 기쁜 소식이 있을까? 이 글을 여기까지만 읽는다면 앞으로도 김치와 고추장이 듬뿍 들어간 음식을 더더욱 즐겨 먹어야 할 것이다. 하지만 여기서 주의해야 할 사실이 있다.

르샤틀리에의 원리란?

주의점을 전달하기에 앞서 먼저 르샤틀리에le chatelier의 원리에 대해서 간략히 공부할 필요가 있다. 간단히 설명해서, 어떤

계system에 외부 교란stress이 오면, 반드시 그 교란을 줄이는 방향으로 평형이 이동한다는 원리이다.

예를 들어 다음과 같은 반응이 있다고 가정해보자.

$$A + B \rightleftharpoons C + D$$

A와 B가 만나서 C와 D가 생기고, 발생한 C와 D는 다시 A와 B로 바뀌기를 반복하는 반응이다. A와 B가 만나서 C와 D가 생기는 반응을 '정반응', C와 D가 다시 A와 B로 가는 반응을 '역반응'이라고 부른다면, 어느 순간이 되면 정반응과 역반응의 속도가 일치해서 평형에 도달하는 순간이 오게 된다. 만약 위의 반응이 평형에 도달한 상태에서 A를 추가로 투입한다면 어떤 일이 발생할까? 갑자기 A의 양이 늘어난 것은 평화로운(?) 상황에서 하나의 스트레스로 작용한다. 따라서 A의 양을 줄이는 방향으로 평형이 이동하게 되고, 그래서 A와 B가 발생하는 역반응보다는 C와 D가 발생하는 정반응이 더 우세해진다. 즉, A를 추가로 투입했을 때 결과적으로 C와 D의 양도 증가하게 된다는 것이 바로 '르샤틀리에의 원리'라고 이해하면 되겠다.

다시 정리하자면, 외부에서 어떤 스트레스가 오면, 그 스트레스를 계속 받고만 있는 것이 아니라, 그 스트레스로부터 벗어나고자 하는 어떠한 힘이 작용하는 것이다. 예를 들어 누구나 여름철에 뜨거운 열기로부터 힘들었던 경험이 있을 것이다. 열기가 바로 하나의 스트레스라고 보면 된다. 그런데 우리의 몸은 그 열기만큼 뜨거워지지 않는다. 이 이유를 르샤틀리에의 원리로 설명할 수 있다. 우리의 몸은 스트레스(열기)로부터 벗어나기 위해서 특정 작용을 함으로써 땀을 발산하고, 땀이 증발하면서 피부로부터 열을 빼앗기 때문에 몸의 온도가 올라가지 않게 해준다.

또 갑작스레 이물질이 눈에 들어왔을 때도 그 스트레스를 줄이기 위해서 몸 안의 특정 작용을 통해서 빠르게 눈물이 나게 만들고, 결과적으로 그 이물질을 밖으로 배출할 수 있다. 상한 음식을 먹었을 때, 배탈이라는 작용을 통해서 빠르게 밖으로 독소를 배출하는 것도 역시 같은 원리로 설명이 가능하다.

만약 바이러스virus가 우리의 몸을 침투했을 때, 몸이 아무런 저항을 하고 있지 않다면 끔찍한 일이 벌어질 것이다. 우리의 몸은 가만히 있지 않고, 자연스레 항체antibody를 만들면서 바이러스에 대항하는데, 이 역시 르샤틀리에의 원리가 우리 몸에 적용된 예라고 할 수 있을 것이다.

암세포를 무찌르는 아군, NK 세포

그렇다면 우리 몸 안에서 자라는 암세포cancer cells도 분명히 스트레스인데, 왜 우리는 그대로 암으로 인해 사망까지 가는 것일까? 당연히 암세포는 우리 몸 안에서 일어나는 스트레스가 맞다. 그러므로 역시 우리 몸은 르샤틀리에의 원리에 의해서 이 스트레스로부터 벗어나려는 작용을 해야 한다. 실제로 우리 몸 안에는 자연 살해 세포natural killer cell, 일명 NK 세포라는 것이 있다. 이는 바이러스에 감염된 세포나 암세포를 직접 파괴하는 면역세포로서, 우리에게는 너무나도 소중한 친구이다. 한마디로 여러분 몸 안에 암세포가 자라게 되면 이를 스트레스로 인지한 NK 세포가 달려들어 무찔러준다. 이 얼마나 고마운 일인가!

이렇게 고마운 NK 세포가 우리 몸 안에 있는데 인간은 암으로 인해 왜 이리도 많이 사망하는 것일까? 특히 우리나라는 WHO에 따르면 위암 발병률이 세계 1위를 차지하고, 대장암 발병률 역시 불명예스러운 세계 1위를 차지하고 있으니, NK 세포에 대한 의구심은 더더욱 클 수밖에 없다.

NK 세포는 암세포를 직접 파괴하는 우리 몸속의 아군이다.

캡사이신은 우리 몸속 아군을 힘들게 한다

울산대학교 의과대학 서울아산병원 김헌식 교수 연구팀은 여러 종류의 암세포에 대해 캡사이신을 투여한 결과, 우리 몸 안에서 항암면역기능을 하는 NK 세포의 기능이 떨어졌으며, 결과적으로 암 발생을 촉진시킨 것을 밝혀내 화제를 모은 바 있다. 한마디로 캡사이신이 우리의 아군인 NK 세포를 힘들게 한 것이다. 가장 열심히 일하라고 독려해야 할 친구의 힘을 완전히 빼놓은 것이라고 보면 되겠다. 유독 빨간 음식을 많이 먹는 우리나라 국민은 특히 눈 여겨 봐야 할 연구결과라고 할 수 있다.

캡사이신이 좋은 것은 분명한 사실이지만, 지나치면 오히려 크나큰 해가 될 수 있다는 사실을 명심해야겠다. 그동안 우리는 김치와 고추장의 우수성만을 강조했던 것도 사실이다. 하지만 이제는 단점도 있다는 것을 분명히 주지시켜서 김치와 고추장의 장점만을 극대화할 수 있는 식습관 문화가 자리잡게 하는 것이 필요하다. 중용이라는 말이 괜히 있는 게 아니다.

05

나무젓가락은 왜 안 썩는거야?

우리나라 사람들은 나무젓가락을 얼마나 많이 사용할까? 과거의 한 조사에 따르면 연간 사용량이 25억 개에 이른다고 한다. 놀라울 정도로 많은 양을 소비하는 것이다(참고로 미국 인터넷 매체인 비즈니스인사이더 자료에 따르면 중국은 매년 800억 쌍의 나무젓가락을 사용한다고 한다. 이는 천안문 광장을 360차례 덮을 수 있는 양이다). 편의점에서 컵라면을 먹으면 당연히 나무젓가락으로 먹고, 각종 음식을 배달시킬 때에도 나무젓가락이 항상 딸려온다. 게다가 다들 인심들이 후해서 그런지 나무젓가락을 필요 이상으로 챙겨주기도 하니, 대다수 가정집에 일회용 나무젓가락이 꽤 많이 남아 있을 것이다.

나무젓가락은 얼마나 유용할까? 편리하게 일회용으로 사용할 수 있다는 점 외에도 미끄러운 음식을 집을 때 쇠젓가락보다 나무젓가락이 훨씬 잘 집혀서 편리할 때가 많다. 특히 전복이나 해삼 같은 해산물은 워낙 미끄러워서 쇠젓가락으로 집으려다 보면 괜히 짜증이 나기도 한다. 이렇게 편리하고 유용한 나무젓가락에는 아무 문제가 없는 것일까?

나무젓가락의 마법

나무젓가락의 특징은 먼저, 잘 썩지 않는다는 점이다. 나무젓가락을 만들기 위해서 나무를 자르게 되면 그때부터 이미 나무젓가락은 썩기 좋은 상황이 된다. 나무가 썩으면 색이 변하는 것은 기본이고, 고약한 향이 난다. 색이 변하고 이상한 향이 나는 나무젓가락으로 컵라면을 맛있게 먹는 것은 근본적으로 불가능할 것이다. 그런데 우리가 사용하는 나무젓가락은 색이 하얗게 깨끗함을 유지하고 있고, 냉동 보관하고 있는 것도 아닌데 썩어서 나는 고약한 향도 나질 않는다. 자연현상을 거스르는 신기한 마법이 나무젓가락에서 펼쳐지고 있는 것이다.

예전에 KBS 제작팀에서 나무젓가락 가지고 실험한 적이 있었다. 나무젓가락을 넣고 끓인 물에 금붕어를 넣었더니 금세 죽어버린 것이었다. 도대체 나무젓가락에서 무슨 일이 벌어진 것일까?

필자의 실험실에서도 나무젓가락을 물에 넣고 끓였더니 pH가 3 정도까지 떨어지는 것을 발견하기도 하였다. pH가 7이면 중성이고, 이 수치보다 낮으면 산성acid이라고 부르는데, 수치가

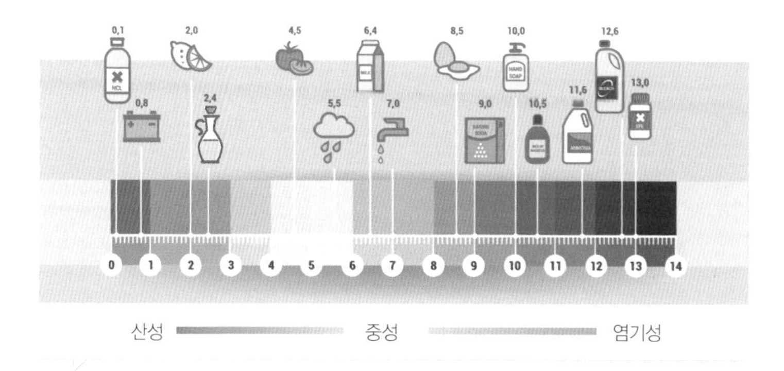

pH는 용액 속의 수소의 농도를 나타낸다. pH가 낮을수록 수소 농도가 높고, 더 산성이다.

낮으면 낮을수록 산성도가 증가한다. 도대체 왜 물이 산성으로 변한 것일까? 게다가 이렇게 pH가 3까지 떨어진 물이 금붕어의 죽음과 무슨 관계가 있는 것일까?

마법에는 대가를 치른다

이쯤 되면 눈치챘겠지만, 나무젓가락을 하얗게 만드는 표백제와 썩지 않게 하는 곰팡이 방지제가 문제의 주범이다. 따라서 문제의 근원을 밝히기 위해서는 어떤 표백제와 곰팡이 방지제를 사용하고 있는지, 해당 물질의 독성은 어떠한지를 살펴보아야 한다. 당연히 제조회사마다 다른 물질을 사용했을 가능성이 높다. 그렇다면 제조회사들을 알아볼 필요가 있다.

나무젓가락은의 대다수는 수입하고, 국내에서는 그저 구입해서 우리나라 회사 마크만 찍는 경우가 많다. 그래서 자세히

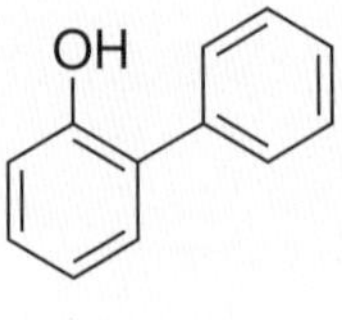

OH

NaOH H_2O_2

o-phenylphenol 수산화나트륨 과산화수소

나무젓가락 제품을 들여다보면 원산지에 중국이라고 적혀있는 것을 쉽게 발견할 수 있는 것이다.

자, 그러면 중국 제조회사에서는 어떤 표백제나 곰팡이 방지제를 사용했는지 궁금해질 것이다. 앞서 언급한 대로 회사마다 다른데, 몇 가지 후보군이 있다.

o-phenylphenol이라는 물질은 뛰어난 표백제이자 곰팡이 방지제이므로 해당 물질을 사용한 회사가 있을 수 있다. 또 뛰어난 표백제인 수산화나트륨(NaOH)을 사용한 회사도 있을 것이다. 좋은 곰팡이 방지제인 과산화수소(H_2O_2)나, 각종 아황산염류를 썼을 가능성도 꽤 높다.

나무젓가락 쪽쪽 빨지 마라

여러 후보 물질 중에서 과산화수소의 독성은 어떨까? 0.15% 과산화수소를 35주 동안 투여한 쥐rat는 간세포가 영향을 받았으며, 위벽의 괴사와 염증이 발견되었고, 소장벽의 임파조직이 비

대해진 것이 발견되었다. 또 생쥐mouse와 쥐rat에 반복 투여했을 경우 십이지장에 선종과 암이 발생한다고 알려져 있으니 우리가 이 물질을 수시로 먹었다고 생각하면 얼마나 끔찍한 일인가!

게다가 우린 컵라면을 국물까지 맛있게 먹고 났을 때 너무나도 아쉬운 마음에 나무젓가락을 쪽쪽 빨아서 젓가락에 미세하게 남아있는 국물을 음미했던 경험은 다들 한 번쯤은 있었을 것이다(맙소사!). 뜨거운 국물에서는 나무젓가락의 유해물질이 빠져나오기가 더 쉬우니, 얼마나 위험한 행동을 했는지 이제는 깨달았을 것이다.

이제 방법은 두 가지이다. 나무젓가락의 사용을 줄이고 최대한 쇠젓가락으로 대체하던가, 아니면 불가피하게 사용할 때는 물에 오랜 시간 담근 후에 사용하는 것이다. 물에 담그는 동안 유해 물실이 어느 정도 빠져나오기 때문이다.

오해는 마시라. 나무젓가락을 사용한다고 무조건 위험한 것은 아니다. 찬 음식을 집을 때는 유해물질이 빠져나올 가능성이 극히 낮고, 뜨거운 음식에 닿을 때 많이 용출되니, 이 점을 특히 유의하길 바란다.

06

우리는 여전히 환경호르몬을 마신다

요즘도 마트에 가서 각종 용기 코너에 가면 심심치 않게 'BPA free'라는 문구를 볼 수가 있다. BPA가 도대체 뭐길래 BPA가 없다는 말을 강조하는 것일까? 또 얼마나 사람들에게 공포감(?)을 주었길래 BPA라는 용어를 정확히 몰라도 하여간 해롭다는 이미지를 갖게 된 것일까?

폴리카보네이트 살펴보기

BPA를 이해하려면 먼저 폴리카보네이트polycarbonate를 알아야 한다. 폴리카보네이트는 플라스틱의 한 종류인데 내열성이

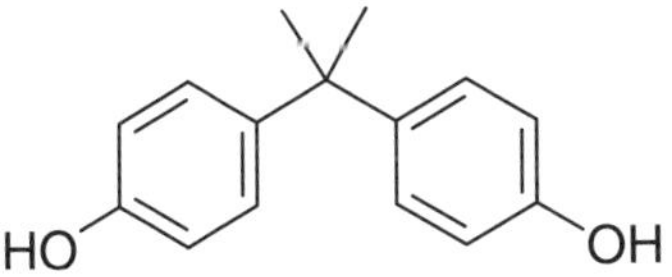

HO, OH

비스페놀-A

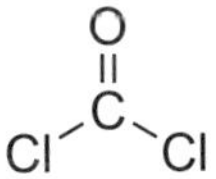

Cl, C, O, Cl

염화카보닐(포스젠)

폴리카보네이트의 원료

좋고, 충격강도가 좋다. 자연에 존재하는 물질들을 자세히 들여다보면, 투명하면서 단단한 것을 찾기가 매우 어렵다는 것을 알게 될 것이다. (다이아몬드처럼 투명하면서 단단한 물질이 별로 없다.) 그런데 이 폴리카보네이트는 단단함에도 불구하고 투명하다는 특징이 있다. 여러분이라면 투명하고 단단하고 게다가 열에도 강하다면 어디에 활용을 하겠는가? 당연히 가장 먼저 식품 용기가 떠올랐을 것이다. 그래서 이 폴리카보네이트라는 플라스틱이 각종 식품 용기에 널리 사용된 것이다.

그럼 이 폴리카보네이트는 어떻게 만들까? 비스페놀-A Bisphenol-A와 염화카보닐carbonyl dichloride이라고 하는 물질을 반응시켜서 만드는 것이 가장 대표적이다.

BPA의 독성

구조식을 보고 눈치챈 사람도 있겠지만, 폴리카보네이트의 합성에서 사용되는 비스페놀-A가 바로 일상적으로 BPA라고 부르는 물질이다. 폴리카보네이트 식품 용기를 가열하거나 뜨거운 것을 담게 되면 어떻게 될까? 바로 반응하지 못하고 남아있던 BPA가 용출될 수 있게 된다. 그래서 플라스틱 용기에 뜨거운 물이나 음식을 담으면 환경호르몬 BPA가 발생한다고 화제가 된 것이다.

그럼 BPA의 독성은 어떨까? EWG Environmental Working Group 자료에 따르면 동물연구를 시행한 결과 노출 농도에 따라서 고환 테스토스테론 호르몬 감소, 성조숙증, 전립선 비대, 생식기 등에 영향을 준다고 알려져 있다. 인간에게도 정자 수 감소 등의 문제가 나타날 수 있다고 알려져 있으며 여전히 논란이 되고 있다. 이렇게 여러 논란이 지속되자 앞다투어 'BPA free 제품'이 오늘날에 속속 등장하게 된 것이었다.

그럼 BPA free 제품을 사용하면서 환경호르몬인 BPA의 공포로부터 벗어날 수 있게 된 것일까? 불행히도 그렇지가 못하고, 지금도 BPA의 위험은 진행형이다.

진정한 BPA free를 위하여

그 이유는 캔 내부 코팅제에 있다. 모든 음료수 캔 등에는 내부 코팅이 되어 있는데 에폭시 수지epoxy resin라는 물질을 사용한다. 에폭시 수지는 접착력이 뛰어나며, 전기 절연성도 좋고, 열과 화학약품 등에 안정해서 다양한 분야에 활용되고 있다. 특

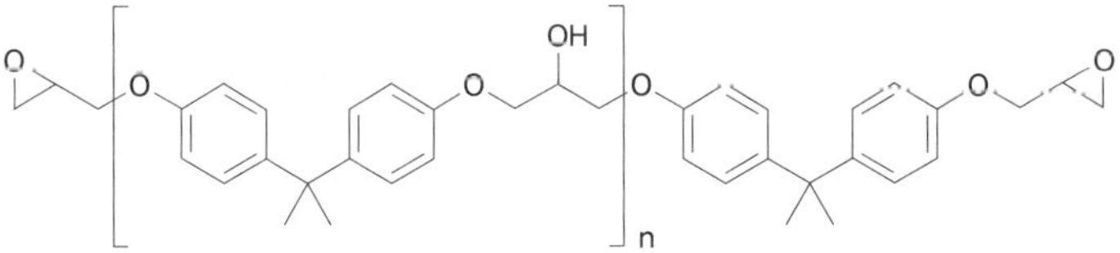

BPA로 만든 에폭시 수지

히 내부 코팅제로 아주 널리 사용되고 있다. '에폭시 수지'는 여러 화합물을 통칭하는 용어인데, 문제는 이 중에 비스페놀-A를 이용해서 합성하는 것이 많다는 점이다.

이런 에폭시 수지 역시 뜨거운 열을 가하거나 뜨거운 물질을 담게 되면 반응하지 않고 남아 있던 비스페놀-A가 용출된다. 한마디로 겨울철 뜨거운 캔음료를 마시게 되면 환경호르몬을 마시는 것이 된다. 이 부분에 대해서 적은 양이니 무시해도 된다는 의견도 있다. 당연히 어떠한 독성물질도 극소량 섭취하게 되면 그 효과가 미미한 경우가 많다.

하지만 다음의 연구결과는 많은 점을 시사한다. 미국의 터프츠 대학교Tufts University의 애나 소토 연구팀은 BPA가 기존 독성학자들이 실험한 것보다 200만 배나 낮은 농도로 존재할 때도 내분비계 교란을 일으킨다는 연구결과를 발표해서 세상을 놀라게 하였다. 내분비계는 몸속에서 각 세포에 신호를 전달하기 위한 수단으로서, (1) 호르몬을 만들어내는 내분비선, (2) 호르몬 자체, (3) 이 호르몬과 결합해 세포에 신호를 전달하는 수용

체로 구성돼 있다. 한마디로 신체의 항상성 유지 및 생식 등에 중요한 역할을 하는 호르몬을 생산하는 역할을 한다. 이러한 내분비계에 이상이 오면 정자 수 감소 등에 영향을 줄 수가 있는 것이다.

BPA가 매우 낮은 농도에서도 문세를 발생시킬 수 있다고 하니 이를 심각하게 받아들여야 한다. BPA에 대해서는 적어도 양이 적다고 안심하다고 말을 해서는 안 된다는 것이다. 이에 대한 대책 마련이 시급하다. 마땅한 대책이 마련되기 전까진 겨울철에 따뜻한 캔음료를 마시는 것은 한 번쯤 심각하게 고민해 보길 바란다.

07

에탄올과 메탄올, 한 글자의 중요성

필자는 강의 시간에 학생들에게 이런 질문을 자주 던진다. "여러분, 메탄올methanol은 어디에 쓰일까요? 여러분 가정에 대다수는 가지고 있어요." 몇 년째 같은 질문을 던지지만 맞추는 학생이 거의 없다. 이렇듯 모든 이들의 가정에 대다수 가지고 있지만 정작 쓰이고 있다는 사실조차 모르고 있는 것이 바로 메탄올이다. 참고로 비슷한 글자의 에탄올ethanol은 술의 원료인데, 한 글자 차이인 메탄올은 전혀 다른 물질이다.

워셔액과 메탄올

메탄올은 바로 자동차 워셔액의 주성분이다. 나름 화학에 관심이 있다고 해서 들어온 화학과 학생들조차도 전혀 알지 못하는 이런 사실을 일반 대중들이 알기는 더더욱 어려울 것이다. 그런데 다행히도 2016년 7월초 <SBS 뉴스>에서 보도하면서 일반인들도 알게 되었다. 알게 되기까지 꽤 오랜 시간이 걸린 것이다.

대다수의 가정에는 자동차가 한 대씩은 있는데, 자동차 브랜드가 무엇이건, 사용 연료가 휘발유이건 경유이건, 워셔액을 사용하지 않는 차는 없다. 운전자의 시야를 탁 트이게 하기 위해서 자동차 앞 유리가 지저분해질 때마다 워셔액을 뿌리고 닦는 것은 일상사이다. 그런데 그 워셔액의 주성분이 메탄올이라니!

자동차에는 '외부공기 유입모드'로 해서 밖의 공기를 실내로 유입시키는 기능도 있고, '내부공기 순환모드'라고 해서 밖의 공기를 차단하는 기능도 있다. 장시간 달리다 보면 실내가 답답해지기 때문에 대다수의 운전자들은 가끔씩 '외부공기 유입모드'로 해서 달리곤 한다. 문제는 이때 워셔액을 뿌리게 되면 결국 그 메탄올이 실내로 유입이 된다는 점이다.

왜 에탄올을 안 쓰고 메탄올을 쓸까? 효과는 비슷한데 가격이 싸다면 여러분은 무엇을 선택하겠는가? 메탄올이 효과는 비슷한데 에탄올보다 저렴하기 때문에 워셔액의 주성분으로 선택된 것이다.

메탄올의 독성

메탄올은 7~8mL 음용하게 되면 사람을 실명시키고, 100~250mL 음용할 경우에는 사망에 이르게 한다. 소량을 흡입하더

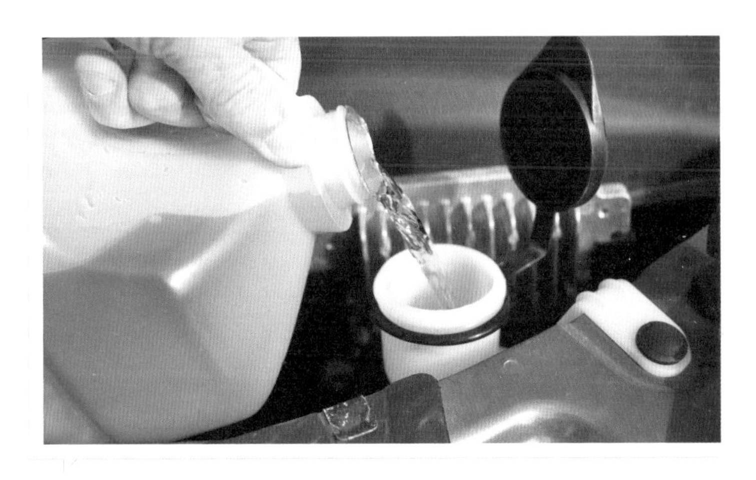

자동차 워셔액에 메탄올을 사용하는 하는 것은 이제는 금지되었다. 구입한지 오래된 워셔액에는 메탄올이 쓰였을 수도 있으니 버리고 새로 구매하는 것이 좋다.

라도 중추신경을 마비시켜서 시신경에 치명적인 손상을 준다고 알려져 있다. 한마디로 소량을 마셔도 매우 위험하고, 코로 소량을 흡입해도 시신경에 매우 해롭다는 뜻이다. 운전을 오래 하다가 워셔액을 뿌리는 상황이 되었을 때, 눈이 좀 피곤해지는 것은 단순히 기분 탓만은 아니라는 것이다. 10시간 이상 운전하시는 택시운전자 분들은 특히 더 주의해야 한다. 그나마 2018년부터 메탄올 워셔액의 사용이 금지되었으니 다행이다.

고체연료 속의 메탄올

그런데 문제는 메탄올이 일상 생활에서 워셔액에만 사용되는 게 아니라는 점이다. 메탄올은 '고체연료'로도 널리 활용이 된다. 가끔씩 고깃집에 모임이 있어서 가다 보면 전골을 계속해서 끓이기 위해서 메탄올이 주성분인 고체연료를 사용하는 경우를 보게 된다. 메탄올은 가연성(불꽃을 내며 불에 잘 타는 물질의 성질)이 있기 때문에 아주 잘 탄다. 휴대용 가스레인지를 놓자니 사람들이 싫어하고, 숯을 놓자니 무거워서 일하시는 분들이 매우 힘들어하기 때문에 '메탄올이 사용된 고체 연료'를 사용하는데, 공간을 많이 차지하지 않고도 높은 효율을 낼 수 있기 때문에 인기가 매우 많다. 그때마다 시간이 약간 흐르면 손님들이 눈을 부여잡고 눈물을 흘리는 광경을 심심치 않게 볼 수가 있다. 다 메탄올 때문이다. 가끔씩 방문하는 손님들보다 거기서 10시간 이상 일하시는 직원분들이 걱정이다. 으레 쓰는 것이니깐 괜찮겠지 하지만 전혀 괜찮지 않은 것이 메탄올이다.

법으로 고깃집이나 캠핑장에서 편하게 사용하는 고체 연료용 메탄올의 사용을 규제해야 할지 아니면 소비자들이 알아서 성분표 따져가면서 조심히 선택해서 구매해야 할지, 답은 이미 나와 있다고 생각한다.

메탄올과 메틸 알코올methyl alcohol은 같은 것이니, 성분표를 확인할 때 혼동하지 않길 바란다.

08

뚝배기의 두 얼굴

추운 계절이면 유난히 뜨끈한 순대국, 된장찌개, 국밥 등이 생각난다. 뚝배기에 끓여 나온 각종 뜨거운 국물을 먹다 보면 잠시나마 추위도 잊게 되고, 입안이 얼얼해지더라도 그 순간만큼은 스트레스도 날려버릴 수 있으니 소중한 음식들이 아닐 수 없다. 우리 조상들이 전통적으로 뚝배기를 이용해서 음식을 먹게 된 이유는 무엇이며, 21세기에도 많은 사람들이 뚝배기를 이용하는 이유는 무엇일까?

바로 뚝배기 자체의 고유의 특성에 있다. 열전도도가 매우 낮아서 금속재질의 냄비와는 달리 빨리 끓지는 않지만, 한번 뜨거워지고 나면 쉽게 열이 빠져나가지 않아서 그 열을 오래 머금을 수 있다. 그러니 공기밥과 함께 먹을 때, 밥을 다 먹어가도 뚝배기 속 찌개의 열기가 어느 정도는 남아있게 된다. 그래서 마지막까지도 따뜻한 찌개를 맛있게 즐길 수가 있으니 현재까지도 애용하게 된 것이다. 뚝배기를 만들어 사용한 조상들의 놀라운 지혜에 감탄이 나오지 않을 수 없다.

뚝배기의 미세기공은 세제까지 흡수해버린다

하지만 장점이 있으면 단점이 있는 법! 뚝배기의 독특한 구조를 눈여겨볼 필요가 있다. 뚝배기를 만들 때, 고온에서 굽는 과정을 통해 내부에 존재하던 물이 증발하고, 이 물들이 이동한 공간은 미세기공이 된다. 알려진 바에 따르면 그 미세기공의 크기는 1~100μm 정도이다. 이러한 미세기공들 때문에 우리 눈에 매끈해 보이는 뚝배기 표면이 사실은 매우 거칠고, 실제 표면적은 우리가 보는 면적보다 훨씬 더 넓다.

이런 미세기공으로 어떤 문제가 생길까? 바로 세제의 침투 가능성이다. 실제로 필자의 실험실에서 간단한 테스트를 해보았다. 뚝배기를 일반세제를 이용해서 열심히 닦은 뒤 물을 제거하고 일반 휴대용 가스레인지를 이용해서 가열해보았더니 무언가 빠져나오는 것을 확인할 수 있었다. 이 물질의 정체가 무엇인지는 굳이 설명하지 않아도 세제라는 것을 쉽게 생각할 수 있을 것이다.

빠져나온 세제를 휴지로 닦은 뒤 무게를 재어보니 원래 휴지의 무게보다 0.032g(32mg)이 늘어나 있었다. 즉, 세제가 0.0032g 검출된 것이다. 세제 한 스푼의 양이 4.97g이니 약 0.6%의 세제

세제로 깨끗이 세척 한 뚝배기의 물기를 제거한 뒤 다시 가열하였더니 세제가 빠져 나오는 것이 확인되었다.

가 씻겨나가지 않은 셈이다. 1년이 52주이고, 성인 한 명이 일주일에 뚝배기 두 그릇을 먹는다고 가정하면, 이 성인은 1년에 3.328g의 세제를 먹는다는 계산이 나온다. 즉, 성인이 한 명이 1년에 약 2/3스푼의 세제를 먹는 것이다. 만약에 성인 한 명이 일주일에 뚝배기 음식을 세 그릇을 먹는다면, 1년에 약 한 스푼의 세제를 먹는다고 보면 되겠나.

세제를 먹어도 괜찮은가요?

세제의 주성분은 계면활성제surfactant이다. 계면활성제는 소수성(물과 안 친한 성질)과 친수성(물과 친한 성질)을 모두 갖는 구조이기 때문에, 각종 얼룩이나 때를 손쉽게 제거할 수가 있다. 대표적으로 비누soap에 계면활성제가 많이 함유되어 있다.

그럼 계면활성제의 독성은 어떻게 될까? 일부 계면활성제가 입체에 유입이 됐을 때 간에서 분해되기 때문에 안전하다는 연구결과도 있지만, 다른 연구결과에서는 인체에 일정기간 머물면서 독성이 큰 것으로 알려져 있다. 동물실험의 결과에서는 장기간 섭취했을 경우, 간에 영향을 주고, 돌연변이를 일으켰다는 연구결과도 있다. 한마디로 굳이 먹을 필요도 없고 최대한 노출을 줄이는 게 바람직하다는 뜻이다.

뚝배기를 안전하게 세척하려면

그렇다고 해서 뚝배기를 세척하지 않을 수도 없는 노릇이니, 최대한 안전한 세제를 쓰거나 베이킹 소다와 같은 친환경 물질로 닦는 게 바람직할 것이다. 여기서 안전한 세제라는 것은 1종 주방세제를 의미한다. 주방세제의 경우에는 3가지 종류가 있고, 겉 라벨에 1종, 2종, 3종이라고 표기가 되어 있다. 1종 주방세제만이 식기, 채소, 과일까지 씻을 수 있도록 허락돼 있으니 뚝배기만큼은 꼭 1종 세제로 닦는 것을 잊지 말자. 뿐만 아니라 베이킹 소다는 물에 녹으면 알칼리성을 띠고, 이는 각종 이물질

을 녹여내는 능력이 탁월하기 때문에 세제로 활용할 충분한 가치가 있으니, 꼭 기억하길 바란다.

09

스테인리스 용기를 조심하라

우리에게는 수많은 언론보도 등을 통해서 플라스틱 용기 등에서 배출될 수도 있는 환경호르몬의 공포가 무의식에 잠재돼 있다. 물론 개중에도 폴리에틸렌polyethylene, PE과 폴리프로필렌polypropylene, PP은 안전한 용기로서 자리잡았지만 말이다.

그럴 때 생각나는 것이 바로 유리와 스테인리스 용기이다. 우리는 이러한 용기들을 아무 의심없이 안전하다고 생각하여 애용하고 있다. 그러나 스테인리스 용기를 사용할 때는 꼭 알고 넘어가야 할 주의점이 있다.

스테인리스 살펴보기

이에 앞서 스테인리스가 무엇인지 알 필요가 있다. 스테인리스는 정확히 스테인리스강stainless steel을 의미한다. 보다 익숙한 표현으로는 '스댕'이라고도 한다. 스테인리스가 일반 철(Fe)에 비해서 우리 생활에 널리 사용되는 이유는 바로 내구성에 있다. 철은 시간이 지나면 쉽게 녹이 슬고, 심지어 구멍이 뚫리기도 한다. 그런데 철에 크롬(Cr)과 니켈(Ni) 등을 첨가하여 강철 합금으로 만들면 부식이 잘 일어나지 않아서 내구성이 크게 향상된다. 이렇듯 녹stain이 없기 때문에, 적다는 개념의 less가 붙어서 스테인리스stainless라는 명칭이 붙여진 것이다. (보통 74%의 철에 18%의 크롬과 10%의 니켈이 들어간 스테인리스가 식기류에 널리 사용이 되고 있다.)

이러한 뛰어난 내구성 덕분에 우리는 스테인리스 용기에 여러 음식을 맛있게 만들어 먹을 수 있게 되었다. 녹이 슨 용기에 음식을 담아 먹는다면 보기에도 매우 좋지 않아 입맛이 뚝 떨어질 것이다.

스테인리스에 발암물질이?

그런데 이렇게 고마운 용기에 무슨 문제가 있을까? 간단한 실험을 통해서 어떤 점이 문제인지 한 번 알아보았다. 스테인리스 새 용기를 휴지에 먼저 물을 적셔 표면을 닦으면, 묻어나오는 이물질이 전혀 없는 깨끗한 상태가 그대로 유지된다. 그런데 휴지에 이번에는 식용유를 묻힌 뒤 스테인리스 제품을 닦아보면 충격적인 장면을 목격할 수가 있다. 바로 검은색 이물질이 묻어나오는 것이다. 도대체 이 검은색 물질은 무엇일까?

분석실험을 통해서 이 물질이 무엇인지 확인해보았더니 탄화 규소(SiC)라는 물질로 판명되었다. 도대체 왜 탄화 규소가 묻어나왔던 것일까? 먼저 스테인리스 용기가 우리가 보는 것처럼 말끔한 모습으로 나타나기 위해서는 연마 처리를 거쳐야 한다. 연마 처리는 연마제abrasives를 이용해서 스테인리스 용기의 표면을 갈아 매끈하게 만드는 것인데, 스테인리스 용기의 경도는 매우 크기 때문에 연마제도 경도가 매우 큰 재료를 써야 한다. 그래서 연마제로서 경도가 거의 다이아몬드 수준인 탄화 규소가 사용되었던 것이고, 연마하는 과정에서 미세한 탄화 규소 가루가 스테인리스 표면의 홈 사이 사이에 들어가 있었던 것이다.

그렇다면 상품명인 카보런덤carborundum으로 더 유명한 물질

스테인리스 그릇을 처음 사용하기 전에 연마제를 제거해주기 위해 식용유를 이용하여 닦아주자. 우리의 건강을 지키기 위한 작지만 중요한 습관이다.

인 탄화 규소의 위험성은 어떨까? 국제암연구소에서는 탄화 규소를 2A군(인체 발암성 추정 물질)으로 분류하고 있다. 한마디로 인체에 매우 유해한 물질이라고 보면 되겠다. 이 정도 등급이라면 한창 성장해야 할 아이나 학생들에게는 더 유해할 가능성이 있으니 노출을 최소화하는 게 바람직할 것이다.

앞서 말한 것처럼 탄화 규소는 소수성(물과는 친하지 않는 성질) 물질이기 때문에 물로만 대충 닦아서는 그대로 남아있게 되고, 추후에 어떤 식으로든 인간의 몸에 유입이 될 수 있다. 따라서 스테인리스 새 제품을 구입했을 때는 반드시 식용유로 수차례 닦아주는 지혜가 필요하다.

10

숯불구이 너무 좋아하지 마세요

대한민국 사람들은 숯불구이를 사랑한다. 거리에 '숯불갈비'라는 간판이 많은 것만 봐도 쉽게 알 수 있다. COVID-19가 기승을 부리기 전, 금요일 저녁이면 숯불갈비 집마다 회식이 많이 이뤄지고 있던 것을 보면, 숯불구이집은 1차 회식 장소로 한국인에게 너무나도 사랑받는 공간이 아닌가 싶다. 우리나라 사람들은 왜 이리도 숯불구이를 사랑하는 걸까? 일반 프라이팬으로 구우면 맛이 없는 걸까?

숯불구이집에서 한 번이라도 고기를 먹어본 사람은 그 이유를 쉽게 알 것이다. 타오르는 연기가 주는 설레는 분위기 속에서, 숯불의 열기로 고기의 기름이 쫙 빠져서 더 바삭한 식감을 느낄 수 있다. 그래서 다들 '고기는 숯불에 구워야 제 맛'이라는 말을 한다. 앞으로도 숯불구이는 우리 한국인이 널리 애용하는 음식문화가 될 것으로 믿어 의심치 않는다.

숯불구이의 함정

숯불구이에는 아무런 문제가 없는지 숯불의 기본이 되는 숯부터 살펴보자. 먼저 국내산 참나무 숯은 구하기 힘드므로, 당연하게도 가격이 비싸다. 따라서 수입산을 많이 써서 비용을 절감할 수밖에 없는데, 수입 숯 중에는 톱밥 등의 폐목재에 화학약품을 처리해서 만드는 것이 많다.

실제 여러분이 마트에 가서 숯을 구매해보면 포장지에 신기한(?) 문구를 쉽게 발견할 수가 있다. 바로 '바륨 첨가' 또는 '질산 바륨 첨가'라는 문구이다(당장 마트에 가보시라). 대놓고 이렇게 적어 놓았기 때문에, 별 문제가 없다고 생각하거나 당연히 정부에서 허가해준 것이라고 쉽게 생각하기 마련이다. 그런데 질산 바륨은 여러 가지 문제를 안고 있다.

질산 바륨barium nitrate을 숯에 첨가하는 이유는 불이 쉽게 붙

게 만드는 착화제의 역할을 하기 때문이다. 그럼 숯에 있는 질산 바륨은 어떤 식으로 우리에게 영향을 미칠까? 먼저 숯이 불에 타면서 각종 재나 연기들이 피어나는데, 이때 질산 바륨이 우리가 먹고자 하는 고기에 달라붙는다. 따라서 직접 입으로 섭취할 가능성이 높아질 뿐만 아니라 코로 흡입할 가능성도 매우 높아진다.

질산 바륨의 독성

그렇다면 질산 바륨의 독성은 어떨까? 목이 뻣뻣해지거나 발작 등이 나타날 수 있고, 심하면 심장 및 호흡 부전으로 사망할 수도 있다고 알려져 있는 유독물질이라고 요약할 수 있다. 질산 바륨에 현명하게 대처하기란 쉽지 않다. 숯불구이집에서 일반적으로 사용하는 구멍 뚫린 석쇠는 결코 좋지 않다. 숯이 연소하면서 나오는 재와 연기가 직접 고기와 접촉하기 때문에, 질산 바륨이 고기에 묻을 가능성이 매우 높아진다. 따라서 가급적 구멍 뚫린 석쇠를 이용하는 것은 자제해야 할 것이다. 그러나 이런 석쇠 대신에 프라이팬을 달라고 요청하면 이상한 취급을 당하기 십상이니 쉬운 문제는 아니다.

문제는 여기서 끝이 아니다. 질산 바륨은 그 고유의 특성으로 인해, 가열했을 때 분해되면서 매우 유독한 산화 질소류의 가스를 생성한다. 산화 질소류 중의 대표적인 이산화질소(NO_2)

의 경우는 대기 오염물질 중의 하나이고, 주로 자동차 배기가스에서 배출된다고 알려져 있는데, 흡입할 경우 호흡기 계통의 문제가 발생하는 유독한 기체이다. 이러한 산화 질소류의 가스는 폐에 치명적이니 특히나 조심할 필요가 있는 화합물이다.

환기 시설을 확인하라

숯불구이야말로 대표적인 서민 음식이다. 회식자리에서 즐거울 때나 슬플 때나 함께 해온 숯불구이가 사실은 이렇게 많은 위험성을 내포하고 있다니, 그리 유쾌한 기분이 들지는 않는다. 내일부터 만약 모든 숯불구이집에서는 무조건 '첨가제 없는 참나무 숯만 사용할 것'을 법으로 제정하고 시행한다면, 비용 때문에 가격도 덩달아 오르고, 더 이상 숯불구이는 시민음식이 아니게 될 것이다. 당장의 해결책이 없기 때문에, 숯불구이집에 가게 된다면 무엇보다 환기에 신경쓰는 게 가장 중요하다. 환기 시설이 잘 구비되지 않은 곳은 되도록 피하는 것이 지혜일 것이다.

11

고사리와 납

2015년, 인도에서는 세간을 떠들썩하게 만든 커다란 사건이 발생했다. 식품기업 네슬레에서 만든 '메기 라면'에서 기준치의 7배에 해당하는 납이 검출된 것이다. 기준치의 7배라니! 사람들은 놀라고 분노했으며, 인도 식품당국은 네슬레를 식품안전법 위반으로 고소하고, 메기 라면의 판매를 잠정 중단하기에 이르렀다.

이런 충격적인 사건에 대해서 여러분들은 특정 라면만 조심하면 된다고 생각할지 모르겠다. 하지만 자연적인 토양에도 납 성분이 존재하기 때문에, 우리가 먹는 채소나 곡물 등에서 일정량의 납 성분은 충분히 검출될 수 있다. 중요한 것은 납의 존재 여부보다는 얼마나 함유되었는지이다.

정부에서는 납에 대한 중금속 기준을 정하여 관리하고 있다. 예를 들어 농산물 중 곡류(현미 제외)의 경우 0.2ppm 이하, 근채

식품별 납 함유량 기준

곡류(현미 제외)	0.2ppm 이하
참깨	0.3ppm 이하
콩류	0.2ppm 이하
근채류	0.1ppm 이하
어류	0.5ppm 이하
연체류	2.0ppm 이하
쇠고기	0.1ppm 이하
우유류	0.02ppm 이하
고사리	0.1ppm 이하

출처: 식품위생법 행정규칙 식품의 기준 및 규격 제2021-54호(21.6.29)

류 0.1ppm 이하로 관리하고 있고, 수산물 중 어류는 0.5ppm, 연체류는 2.0ppm 이하로 관리하며, 축산물 중 쇠고기는 0.1ppm 이하로 관리하고 있다.

특히 고사리의 경우에는 0.1ppm 이하로 관리를 하고 있을 정도로 정부에서 많은 신경을 쓰고 있다. 실제 국립농산물품질관리원에서 국내산 고사리 20점을 수거해 조사한 결과, 평균 납 농도가 0.018ppm 수준으로 납 허용기준인 0.1ppm의 1/5 이하인 것으로 밝히기도 하였다.

쉽게 구할 수 있는 고사리의 실태

이렇게 정부에서 관리해주고 있기에 우리는 안심해도 되는 것일까? 필자의 연구실에서 전통시장과 마트에서 쉽게 구할 수 있는 중국산 고사리 3점을 구해서, 물에 담가 납 검출시험을 진행하였다. 결론은 매우 충격적이었다. 허용기준인 0.1ppm의 50배인 약 5ppm의 납이 검출된 것이다. 국내산 고사리는 안전하다는 조사 결과가 있었지만, 우리가 손쉽게 구할 수 있는 이러한 '중국산 고사리'에서는 유해할 수 있다는 결과가 나온 것이다.

그럴 일이 없으면 다행이지만, 만에 하나라도 양심불량인 상인이 중국산 고사리를 버젓이 국내산이라고 속여서 팔게 되면 우리는 이렇게 고함량의 납을 속절없이 먹게 된다. 혈중 납 농도가 증가하였을 경우, 공격적인 성향이 증가하고, 성장을 지연시키며, 언어인지에 영향을 미친다는 연구결과가 있을 정도로 납은 매우 위험한 물질이다. 게다가 국제암연구소에서도 납을 발암성에 대해서 2B군(인체 발암성 가능 물질)으로 분류하고 있으니 우리는 늘 납 노출에 대해서 신경을 써야 하는 것이다.

실험한 중국산 고사리 3점에서 모두 높은 수준의 납이 검출

중국산 고사리를 물에 불려 납 검출 실험을 진행했다.

되었다고 해서 모든 중국산 고사리가 위험하다고 생각하는 것은 무리이다. 토양마다 납의 함유량이 다를 테니 어느 지역에서 채취했느냐에 따라서 결과는 달라지게 될 것이다. 해야 할 일은 명확해 보인다. 국내산 고사리에 대해서 철저히 관리·감독하듯이 중국산 고사리와 같은 수입산에 대해서도 관리·감독을 철저히 하는 수밖에 없다. 우리의 눈으로는 고사리 내의 납 농도를 알 수가 없지 않은가! 이에 대한 불안감은 정부가 풀어주는 수밖에 없다.

12

살충제 달걀 파동의 나비효과

2017년, 우리 식탁의 단골 손님인 달걀에서 살충제가 검출되었다는 소식이 전해졌다. 워낙에 다양한 식재료로 쓰여왔던 달걀에서 살충제라니! 검출된 살충제의 독성도 함께 알려지면서 많은 이들이 경악을 금치 못했다. 특히 검출된 살충제 중에서는 '피프로닐'이라는 물질이 확인되었는데, 이는 몸속에 들어가면 구토, 현기증 등을 유발할 수 있으며, 몸속에 쌓일 경우 간 등에 손상을 입히는 물질이다.

나라마다 다른 안정성 기준

부랴부랴 정부에서도 각종 조사가 진행되었고, 2017년 8월에 다음과 같은 결론을 발표하였다. '피프로닐이 검출된 계란을 매일 평생 2.6개씩 먹어도 건강에 별 문제가 없다.' 이를 구체적인 수치로 살펴보면 이렇다. 국내에서 피프로닐 성분이 가장 많이 나온 계란의 피프로닐 농도는 약 0.0763mg/kg으로, 성인은 한 번에 126.9개까지 먹어도 되고, 1~2세 영아의 경우 한 번에 24.1개까지 먹어도 괜찮다는 결과이다. 이와 같은 발표로 사건은 일단락되었고, 사람들의 달걀 거부감은 줄어드는 듯한 양상을 보였다.

하지만 똑같은 성분의 안전성을 두고, 네덜란드는 더 엄격한 기준을 발표하면서 논란은 여전히 진행되고 있다. 네덜란드 식품소비재안전청NVWA은 0.06mg/kg을 초과한 계란을 아이들이 장기간 섭취하면 위험할 수도 있다고 경고하며, 예방적 차원에서 아이들에게 먹여서는 안 된다고 발표하였다.

게다가 2017년 8월 21일 한국환경보건학회는 '계란은 매일 먹는 음식이기 때문에 1회 섭취나 급성노출에 의한 독성에만 초점을 둘 게 아니라 만성독성 영향을 고려해야 한다'고 정부발표에 우려를 표하였다. 서울대학교 보건대학원 최경호 교수는 '피프로닐의 경우 만성적으로 노출되었을 때, 동물실험의 경우 갑성성호르몬의 수치를 낮추고 갑상선과 관련된 다양한 질환을 일으킬 수 있다'고 경고하기도 하였다. 여전히 살충제에 대한 불안감의 불씨가 우리 안에 남아있다.

자연의 섭리를 거스르다가 마주한 재앙

먼저 이런 결과가 나온 경위를 다시 한번 짚어보자. 원래 닭은 땅에 몸을 문지르는 일명 '흙 목욕'을 함으로써 몸에 붙은 해충을 제거한다. 하지만 사육 단가를 낮추기 위해서는 좁은 공간에서 많은 닭을 키워야 하는데, 그러다 보면 닭들은 흙 목욕을 할 수가 없다. 그 결과로 진드기 번식이 심해지면 닭들의 폐사율이 높아지거나 닭의 산란율 또한 낮아지게 되니 어쩔 수 없이 살충제를 뿌리게 되었다.

이때 크게 간과했던 것이 있다. 바로 피부 접촉이나 섭취를 통한 살충제의 체내 축적이다. 살충제를 뿌렸던 농민들은 설마

이윤을 위해 선택한 공장식 축산의 결과로 발생한 살충제 달걀 파동은 피할 수 있었던 인재이다. 닭을 넓은 마당에서 키우면 흙 목욕을 하기 때문에 살충제를 사용할 필요가 없다.

살충제가 닭의 피부를 통해서 흡수되거나 살충제가 묻은 사료를 먹음으로써 체내에 축적이 될 수 있다고는 생각하지 못했을 것이다. 더욱이 살충제가 결국 닭의 몸속에서 분해가 되지 않아, 계란을 통해 검출될 것이라고는 쉽게 예상하지 못했으리라.

안전한 달걀을 먹기 위하여

이번 일을 계기로 불행 중 다행으로 우리를 몇 가지 각성하게 했다.

첫째, 우리가 살충제 사용에 대해서 경각심을 갖게 된 것도 있지만, 무엇보다 피부를 통한 체내 축적 및 위험성에 대해서 다시금 생각해보는 계기를 갖게 된 것은 매우 의미 있는 일이다. 일반적으로 독성 위험성이라고 하면, 먹었을 때의 독성(섭취독성)을 제일 우선적으로 생각하고, 그 다음 가습기 살균제처럼 흡입했을 때의 독성(흡입독성)을 고려하며, 피부독성은 상대적으로 등한시하는 경우가 많았다. 피부독성에 대해서는 단순히 트러블만 일어나지 않으면 안전하다고 생각하는 경향이 있었지만, 이번 살충제 달걀 파문을 통해서 이렇게 화학물질이 피부를 통해서 흡수가 되면, 분해되지 않는 물질들이 우리의 몸이나 동물의 몸을 위협할 수 있다는 사실을 알게 되었다. 결과적으로 이는 달걀 등으로 그대로 배출이 되면서, 섭취하는 우리 인간을 다시 위협한다. 따라서 향후 이런 살충제나 살균제 등과 같이 피부를 통해 흡수될 수 있는 화학제품이나 화학물질에 대해서 좀 더 체계적이고 정밀한 조사를 한 뒤 시판될 수 있는 제도적 장치가 필요하다는 인식을 공유하게 되었다.

둘째, 자연을 거스르는 행위에 대한 재앙을 다시금 경험하게 되었다는 점이다. 먼저 우리는 한때 논란이 되었던 '광우병'을 기억할 것이다. 광우병은 말 그대로 소가 미친 듯이 난폭한 행동을 한다고 해서 붙여진 이름인데, 공식 명칭은 우해면양뇌증 bovine spongiform encephalopathy으로 뇌에 스펀지처럼 구멍이 나는 질병을 의미한다. 이 질병은 초식동물인 소에게 육식을 시킴으로써 발생한 것으로 밝혀져서 세상을 크게 놀라게 하였다.

초식동물로 태어난 소에게 육식이라니? 더 많은 고기를 얻기 위한 인간의 탐욕이 불러일으킨 대표적인 대형 참사라고 생각한다. 초식동물로 태어난 동물들은 초식을 하면서 살게 하면 되는데, 육식을 시켰던 자연을 거스르는 행위가 이런 참사를 불러일으킨 것이다.

이번 살충제 달걀 파동도 같은 맥락이다. 닭은 넓은 공간에서 뛰어 놀면서 몸이 가려우면 '흙 목욕'을 하는 것이 자연스러운데, 한정된 공간에서 많은 수의 닭을 키우는 대량 사육시스템에서는 제대로 움직일 수 있는 공간조차 쉽게 허락하지 못했던 것이다. 결국 쓸 필요도 없었던 살충제를 사용하면서 이런 참사를 일으키게

되었던 것이다.

살충제뿐만 아니라 각종 바이러스에 대해서 취약한 것은 말할 것도 없다. 옹기종기 밀집해 사육되다 보니, 한 마리만 바이러스성 질병에 감염되어도 쉽게 주변 동물들에게 전염된다. 그래서 매년 정기적으로 조류 독감이나 구제역 등의 각종 바이러스 파동이 발생하면, 살아있는 동물들이 살처분되는 일이 벌어지게 되는 것이다.

하지만 이렇게 자연스러움을 강조하면서도, 달걀 값이 오르거나, 고기 값이 오르면, 물가가 오른다고 불평불만을 털어놓는 이중성은 부끄럽기까지 하다. 우리가 값싼 달걀과 고기를 얻을 수 있는 것이 이런 대량 사육시스템 때문인 것은 부인할 수 없는 사실이다. 가축들이 마음껏 뛰어 놀 수 있는 넓은 공간과 이들 관리하는 인력에는 돈이 든다는 사실을 우리는 알아야 한다.

셋째, 만성독성의 위험성에 대한 인식을 가질 수 있게 된 계기가 되었다. 한국환경보건학회의 주장처럼 1회 섭취나 급성노출에 의한 독성에만 초점을 둘 게 아니라, 장기간의 노출에 따른 위험성도 늘 우려하고 인지함으로써, 정부 차원에서 좀 더 적극적으로 조사하고 늘 관리감독하는 게 매우 중요하다. 매우 많은 수의 화학제품 및 화학물질이 만들어지는 요즘 같은 세상에, 안정성 부분에 대해서는 한 나라만의 노력만으로는 부족하다. 여러 나라가 협업하고 정보를 공유하는 것이 더 효율적일 것이다.

자연의 순리에 따르는 것에는 돈이 든다

값싼 제품을 원하고 또 안전한 제품을 원하는 것이 어쩔 수 없는 인간의 욕심일 수도 있다. 정부의 관리감독도 중요하지만, 우리의 생각도 조금씩 바뀌어야 한다는 생각이 든다. 자연의 순리에 따르는 것은 돈이 들어간다는 사실을 잊지 않아야 한다. 앞으로 우리가 살아갈 세상은 경제논리만 따지면 위험성이 따라올 수밖에 없다. 정부의 엄격한 관리감독과 기업의 윤리정신 외에도 우리 소비자들의 인식 또한 바뀌지 않는다면 이런 밀집된 대량 집단사육시스템이 사라질 수 없을 것이고, 앞으로도 우리는 늘 먹거리에 대한 우려를 피할 수 없을 것이다.

13

뜨거운 짬뽕을 주의하세요

분식집이나 중국집에 가면 흔하게 볼 수 있는 그릇들이 있다. 떡볶이나 튀김 등이 담아져 나왔던 초록색 접시나, 짬뽕 그릇은 누구나 일상 속에서 아주 흔하게 접하고 사용한다. 이 그릇은 '멜라민 수지'라고 불리는 플라스틱이다. 가볍고 단단해서 식당에서 널리 사용되는 소재인데, 무겁고 깨지기 쉬운 유리나 도자기 그릇을 빠르게 대체하고 있다. 가볍고 단단한 것도 고마운 데다가 제조비용이 저렴해 판매 단가도 낮기 때문에, 다양한 곳에서 사랑을 받고 있다. 화학분야에 몸담고 있는 필자가 감히 말하자면, 향후 10년간 이 소재를 대체할 수 있는 소재는 등장하기 어려울 것으로 보인다. 가볍고 단단한 소재는 언제든 개발될 수 있지만, 제조가격까지 저렴한 소재를 개발하는 것은 무척 어려운 일이기 때문이다.

멜라민 수지의 위험성

이렇게 생산자 입장에서도 매력적이고, 소비자 입장에서도 사용하기 편한 멜라민 수지 그릇에는 아무 문제가 없을까? 멜라민 수지를 제조하는 방식에서 그 해답을 찾아보자. 만드는 방식이 복잡할수록 제작에는 많은 비용이 사용된다. 멜라민 그릇의 가격이 저렴하다는 것만 봐도 매우 간단한 방식으로 제조가 될 것을 예측할 수 있다. 멜라민 수지는 멜라민melamine과 폼알데하이드를 단순히 반응시키는 비교적 쉬운 방식으로 제조된다.

잠깐, 폼알데하이드라고? 이 책에서도 여러 번 언급했지만, 폼알데하이드는 시체의 방부제로도 사용되는, 국제암연구소에 의해 1군 발암물질로 지정된 유독성 물질이다! 화학반응은 100% 반응이 쉽지 않다. 쉽게 얘기해서, 멜라민과 폼알데하이드를 반응시킨다고 해서 사용된 멜라민과 폼알데하이드가 모두 반응하지는 않는다는 뜻이다. 결국 반응하지 않고 남아있는 폼알데하이드가 멜라민 수지 안에 남아있을 가능성이 충분히

멜라민 수지 그릇은 다양한 용도로 사용되지만, 높은 온도에서는 유해하므로 뜨거운 음식을 담을 때 주의하여야 한다.

있다.

이런 멜라민 수지 그릇에 뜨거운 물길이 닿게 되면 어떻게 될까? 반응하지 않고 남아있는 폼알데하이드가 용출될 수 있다. 결국 우리가 뜨거운 짬뽕이나 우동을 먹을 때 발암물질인 폼알데하이드를 같이 마시는 격이 된다.

이쯤 되면, 설마 음식에 사용하는 것인데, 그렇게 위험하겠냐는 생각이 들 수 있다. 2018년 식품의약품안전처에서는 다음과 같은 보도자료를 냈다.

"국내 유통되는 멜라민 수지 기구·용기는 유해물질 규격* 을 설정하여 안전하게 관리하고 있으나, 가정이나 음식점 등에서 사용하면서 고온에 직접 또는 반복적으로 노출되면 균열이 생겨 멜라민과 폼알데하이드가 용출될 수 있으므로 주의가 필요합니다. 멜라민 수지 주방용품을 세척할 때는 솔 또는 연마분으로 세척하지 말고 부드러운 스펀지를 사용하여 세척하는 것이 바람직하며, 변색되거나 균열, 파손이 있는 경우 새 제품으로 교체하여 사용하시기 바랍니다."

이 보도를 자세히 들여다보면, 매우 조심스럽게 보도자료를 냈다는 것을 알 수 있다. '고온에 직접 또는 반복적으로 노출되면 균열이 생겨'라는 표현을 썼는데, 여기서 '균열'은 소위 '흠집'

* 멜라민 용출규격(mg/L): 우리나라(2.5 이하), 유럽(2.5 이하)
폼알데하이드 용출규격(mg/L): 우리나라(4 이하), 유럽(15 이하)

을 생각하면 된다. 흠집이 많아질수록, 멜라민 수지의 표면적이 늘어나게 되는데, 그럴수록 많은 양의 폼알데하이드가 용출될 수 있다는 의미이다. 그리고 '주의가 필요합니다'라는 문구가 있고 '세척할 때도 거친 표면이 있는 수세미를 사용하지 말 것'을 강조한 것은, '뜨거운 환경'에 노출하지 말고, '흠집'이 날 수 있는 경우의 수를 줄이라는 것이다.

정부에서도 국민들의 안전을 위해서, 나름 노력하는 모습을 엿볼 수 있는 부분이다. 하지만 '국민의 안전'과 '자영업자들의 생계' 그리고 '제조업자'들 사이에서 매우 고심한 흔적도 보이는 것이 사실이다. 아예 사용하지 못하게 한다면, 자영업자들과 산업현장의 어려움이 보이니, 어쩔 수 없이 '사용 시 주의사항 제시' 정도로 타협한 것으로 판단된다.

멜라민 수지 그릇을 자세히 살펴보자

가정집에 만약 멜라민 수지를 사용한 그릇이 있다면, 표면을 주의 깊게 살펴보길 바란다. 혹은 외부에서 짬뽕을 먹게 된다면 그 그릇을 유심히 살펴보자. 정말 정부가 제시한 대로 흠집이 많이 생긴 멜라민 수지 그릇이 폐기처분 되어 있고, 흠짐이 없이 온전한 멜라민 수지 그릇만 사용되고 있을까? 아니라는 것을 쉽게 발견할 수 있을 것이다. 멜라민 수지 그릇은 흡집이 매우 쉽게 발생하기 때문에, 부드러운 스펀지로만 문지르거나 식기세척기 안에만 들어갔다 나와도 흠집이 생긴다. 이렇게 흠집이 생길 때마다 새로 교체하는 게 식당 입장에서는 쉬운 일이 아니다.

대책은 없는 것일까? 멜라민 수지 그릇의 대체재가 개발되기 전까지 가정에서는 최대한 사용을 자제하는 게 좋겠다. 아니면 뜨거운 음식을 멜라민 수지 그릇에 담지 않으면 된다. 짬뽕이 먹고 싶으면, 중국집에서 스테인리스 그릇에 담아 달라고 요청해보라. 물론 당신을 이상하게 볼 수는 있다.

14

미네랄이냐, 깨끗한 물이냐? 그것이 문제로다

최근 화제를 모은 충격적인 연구가 있다. 김현욱 서울시립대 교수 연구팀이 발표한 「하천(천연수)에서 발기부전치료제 검출에 대한 하수 기여도」라는 논문에 따르면, 한강의 식수원에서 발기부전치료제인 비아그라, 씨알리스의 성분인 실데나필sildenafil, 타다라필tadalafil이 검출됐다는 것이다. 해당물질의 농도는 주중보다 주말에 높게 측정됐고, 평일 중에서는 금요일 밤에 가장 높게 나타났다. 이 약물들이 주말이나 금요일 밤에 상대적으로 많이 사용됐을 것으로 쉽게 추정할 수 있기 때문에, 그와 비례해서 측정됐다는 사실은 연구결과의 신뢰성을 높여주기도 한다. 더욱 충격적인 사실은 이러한 성분들이 하수처리시설을 거쳐도 제거되지 않는다는 점이다.

여기서 드는 여러 의문점 중 하나는 어떻게 식수원에서 비아그라가 검출될 수 있었냐는 것이다. 해당 약물들은 복용 이후에

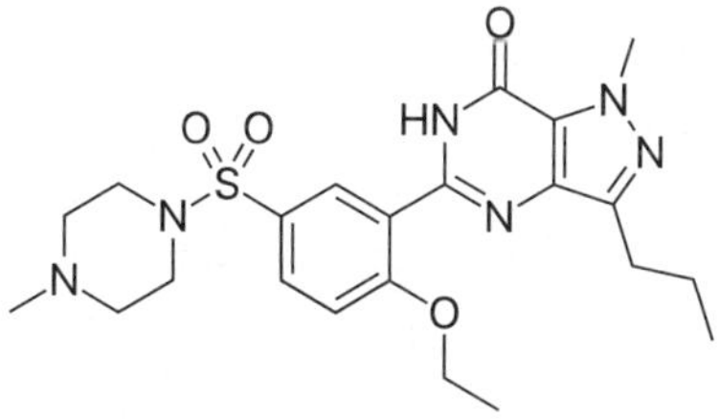

실데나필의 화학구조

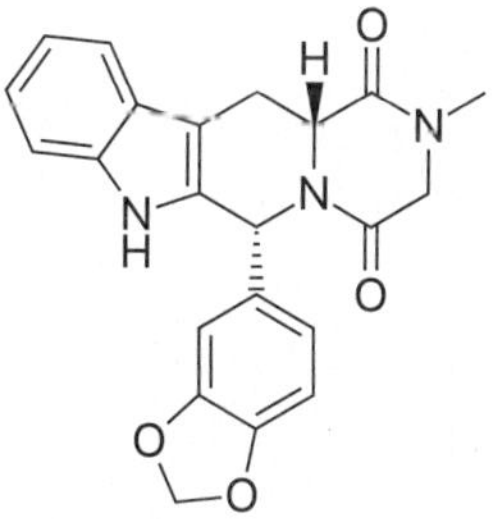

타다라필의 화학구조

특정 역할을 한 뒤, 대부분 소변에 포함되어 체외로 배출되기 때문에, 화장실에서 출발해서 한강의 하수 처리장까지 흘러 들어가는 것까지는 자연스러운 일이다. 하수 처리를 거친 물은 방류된 뒤, 다시 정수 처리하여 수돗물로 사용된다. 하지만 이런 성분들이 제대로 걸러지지 않고 혹시나 우리가 사용하는 수돗물에 포함되어 있는 건 아닐까하는 우려가 생기는 사람도 있을 것이다.

정수라고 다 좋은 것은 아니다

다행히도 요즘 가정집에서는 대부분 정수기를 사용하고 있다. 정수기에는 특수 필터인 역삼투막reverse osmosis membrane이 장착되어 있다. 역삼투막은 작은 이온들까지 모두 걸러낼 수 있는 고성능 분리막이므로 비교적 큰 분자인 실데나필이나 타다

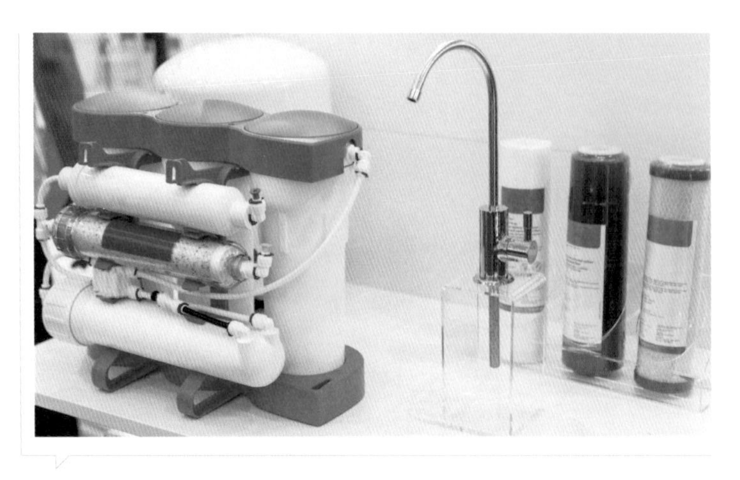

정수기의 역삼투 필터는 매우 작은 입자인 이온까지 걸러낸다.

라필은 충분히 걸러진다. 심지어 바닷물을 먹을 수 있는 담수로 만드는 데도 사용될 정도이니, 필터 성능이 매우 뛰어나다고 할 수 있다. 그래서 적어도 정수기물을 마시면서, 이런 발기부전치료제 성분을 마시게 될 것을 우려하는 것은 기우에 불과하다.

그렇다면 정수기물은 그저 안심하고 마셔도 되는 것일까? 정수기가 '미네랄'마저 걸러서 좋지 않다는 얘기를 기사 등을 통해서 한 번쯤은 접해봤을 것이다. 그런데 단순히 '몸에 해롭다' 정도로 생각할 문제가 아니다.

미네랄, 우리 몸의 균형의 수호자

미네랄mineral은 탄소, 질소, 수소, 산소를 제외한 50종의 원소, 즉 무기질을 지칭하는데, 이 중 사람에게 반드시 필요한 미네랄은 20종이다. 우리 몸은 스스로 미네랄을 합성할 수 없기 때문에, 반드시 식품을 통해서 섭취해야 한다. 일일 섭취 요구량이 100mg 이상이면 다량 또는 대량 무기질macro mineral이라고 부르고, 100mg 미만이면 미량 무기질micro mineral로 분류한다. 칼슘, 인, 나트륨, 칼륨, 마그네슘 등이 대표적인 다량 무기질이며, 철, 아연, 요오드(아이오딘), 셀레늄, 구리, 망간(망가니즈) 등은 대표적인 미량 무기질이다.

미네랄은 인체에 부족할 경우 다양한 결핍증을 나타낼 수 있으므로 필수 영양소로 분류된다. 대표적으로 칼슘이 부족하면 골다공증, 골연화증이 일어날 수 있고, 칼륨이 부족해지면 불규칙한 심장박동과 무기력해지는 현상이 일어난다. 철이 부족하면 빈혈이 유발되며, 요오드가 부족해지면 갑상샘의 기능이 저하된다. 정수기의 역삼투막은 이렇게 소중한 미네랄을 모두 걸러내기 때문에, 정수기물이 몸에 좋지 않다는 말이 나오게 된 것이며, 이는 분명한 사실이다.

노화를 막아주는 미네랄

미네랄은 결핍증들을 막아주는 역할 외에도 인체에서 중요한 역할을 한다. 바로 노화에 저항하는 것이다. 우리의 노화를 앞당기는 여러 가지 원인들 중에서 가장 대표적인 것은 활성산소이다. 우리 몸속에서 다양한 경로로 발생하는 활성산소는 세포를 산화시켜서 노화를 촉진한다. 노화를 방지하기 위한 각종 의약품이나 화장품이 '항산화 작용'을 한다며 지속적으로 개발되고 있는 것은 바로 이런 까닭이다.

그러나 다행히도 우리 몸은 활성산소의 공격(?)을 그저 받고만 있지는 않는다. 우리 몸속에는 다양한 효소enzyme들이 있는데, 효소별로 기능이 따로 존재한다. 예를 들어, 침샘에서 분비되는 효소인 아밀레이스는 오로지 녹말에만 반응하여, 녹말을 분해하는 역할을 한다. 그리고 위에서 분비되는 펩신이라는 효소는 단백질에만 반응하여, 우리가 먹는 고기 등을 분해하는 역할을 한다. 또 티로시네이스라는 효소는 우리 피부가 자외선UV으로부터 손상되는 것을 막기 위해서, 흑갈색 색소인 멜로닌을 만들어 피부의 진피가 해로운 자외선을 직접 흡수하지 않도록 기여하기도 한다.

이렇게 다양한 역할을 하는 효소들 중에서 SODsuperoxide dismutase라는 효소는 우리 몸에서 발생하는 활성산소를 제거하는 역할을 한다고 알려져 있어서, 제약 분야와 화장품 업계에서 큰 관심을 받고 있다. SOD에는 여러 종류가 있으며, 각각 SOD1, SOD2, SOD3이라고 부른다. 이 중 SOD1과 SOD3은 미네랄인 구리와 아연을 포함하며, SOD2는 망간을 포함한다. 그런데 SOD가 활성산소를 안전한 물질로 바꾸는 데 바로 이 미네랄들이 주요 역할을 한다는 사실이 밝혀졌다.

정리하면, 세포의 노화를 막기 위해서는 SOD 효소가 제 역할을 해 줘야 하는데, 그 역할을 하기 위해서는 앞서 언급한 미네랄들이 꼭 있어야 한다는 것이다. 따라서 정수기물을 섭취한다고 하여 깨끗한 물을 마시니 안심해도 된다고 생각하지 말아야 한다. 우리가 가장 관심있어 하는 노화에 연관이 있으니 말이다!

영양제가 만능은 아니다

이쯤에서 종합 영양제를 생각하는 사람도 있을 것이다. 정수기물로 물을 섭취하고, 부족한 미네랄은 종합영양제로 보충하겠다는 요량이다. 나쁜 아이디어는 아니지만, 꼭 명심해야 하는 것도 있다. 이런 미네랄들은 결핍됐을 때 다양한 문제를 일으키지만, 과량을 섭취할 경우에도 역시 문제를 일으키기 때문에 늘 조심해야 한다. 대표적으로 뼈에 좋다는 칼슘도 과잉 섭취할 경우 변비와 신장결석을 일으키고, 인슐린 합성과 면역에 관여하는 소중한 아연도 과잉 섭취할 경우 오히려 철(Fe)과 구리(Cu)의 흡수를 방해하며, 설사 등을 유발할 수 있는 독성도 갖고 있다.

과유불급이라는 말은 괜히 있는 게 아니다. 영양제를 섭취하더라도 늘 신중을 기하면서 섭취하기를 당부한다. 정수기물을 마시면서 체내 미네랄 균형을 잘 맞추기 위해서는 적정량의 영양제를 복용하거나 미네랄이 풍부한 음식을 섭취하는 것이 중요하다. 이런 음식에는 견과류나 씨앗류, 통곡물과 녹색 채소 등이 있으니 잘 섭취하여 체중 관리뿐 아니라 노화 방지까지 이루길 바란다.

대량 무기질과 미량 무기질

대량 무기질(일일 섭취 요구량 100mg 이상)

	주요기능	결핍	과잉
나트륨 (Na)	포도당 및 아미노산 흡수, 산-염기 균형 조절, 근육·신경 자극 반응	두통, 구역, 구토, 근육 경련, 실신	고혈압, 위계양, 신장 질환, 심혈관계 질환
마그네슘 (Mg)	효소 활성, 신경 자극의 전달, 근육의 수축 및 이완	눈 밑 경련, 근육 뭉침, 불안감, 무기력증	신장 질환이 있는 경우 구토나 환각 증상
인 (P)	DNA와 RNA의 구성 성분, 영양소의 흡수와 운송, 산-염기 균형 조절	근육 약화, 식욕 부진, 칼슘 흡수 저해	뼈·심혈관계 질환
황 (S)	케라틴 단백질(머리카락) 구성 성분, 해독 작용	피부염, 각기병, 손발톱 연화증	소화불량, 골다공증
칼륨 (K)	체액의 삼투압과 수분의 평형 조절, 산과 염기의 균형 조절, 근육 섬유의 수축 조절	근육 경련, 식욕 저하, 불규칙한 심장박동, 무기력	당뇨나 부정맥 등의 기저 질환이 있는 경우 배탈, 위장장애 및 천공
칼슘 (Ca)	골격·치아 형성, 혈액 응고, 근육의 수축 및 이완	저칼슘혈증(손·발·얼굴의 근육 수축 또는 경련), 구루병, 골다공증, 골연화증	변비, 신장 결석

출처: 연세대학교 강남 세브란스병원 약제팀 e-의약정보, 2010, Vol. 14.

미량 무기질(일일 섭취 요구량 100mg 미만)

	주요기능	결핍	과잉
망가니즈 (Mn)	뼈의 성장 및 재생, 혈당 조절	피로감, 우울감, 갑상선 기능 저하증	근육통, 피로, 기억력 저하, 반사 능력 감소
철 (Fe)	혈액에서 산소 운반	빈혈, 체온 유지 능력 저하, 면역 기능 감소	구역, 구토, 복통, 저혈압
구리 (Cu)	헤모글로빈 합성, 뼈를 단단하게 함	저색소성 빈혈, 골격 이상, 백혈구 감소	복통, 구역, 설사, 신부전증, 심한 간 손상
아연 (Zn)	인슐린 합성에 관여	미각 및 후각 감퇴, 성장 지연	철과 구리의 흡수 저해, 구토, 설사
셀레늄 (Se)	항산화제 역할, 세포막 유지	근육기능 저하, 면역 기능 저하, 소아 골관절염, 백내장, 간경화, 관절염	재채기, 기침, 충혈, 어지러움, 호흡 곤란, 두통
요오드 (I)	갑상선 호르몬(티록신)의 주성분, 기초대사 조절	갑상선 기능 저하, 크레틴 병	갑상선 기능 항진증

출처: 연세대학교 강남 세브란스병원 약제팀 e-의약정보, 2010, Vol. 14.

3장

우리의 쉴 곳, 편안한 걸까?

01

미용실의 불편한 진실

남녀노소 미용실에 가는 세상이다. 미용실에서 머리 자르는 것은 기본이고, 염색, 파마 이외에도 두피관리까지 받는다. 그런 점에서 미용실에 스트레스 풀러 간다는 말은 결코 과장이 아니다. 워낙 많은 것들을 한 번에 처리할 수 있는 편리한 곳이니, 미용실이 그 어느 곳보다 안전한 곳이기를 소망하는 것은 당연하다.

실제로 미용실은 매우 안전한 곳일까? 의외로 이런 질문을 필자는 많이 받는다. 아마도 자주 들락날락 거리는 곳인데, 갈 때마다 특유의 미용실 냄새가 나서 그런 게 아닌가 싶다. 그 퀴퀴한 냄새가 분명 상쾌하진 않았을 것이다. 만약, 화학 전문가들에게 같은 질문을 던진다면 어떤 대답을 할까? 10명 모두 '아니다'라고 말할 가능성이 매우 높다. 그 이유는 바로 폼알데하이드에 있다.

폼알데하이드, 그 정체는?

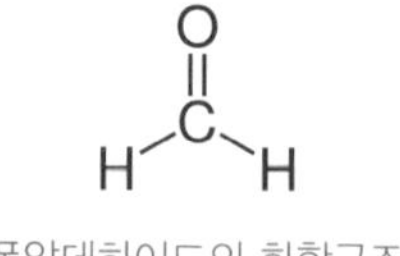

폼알데하이드의 화학구조

먼저 기본적으로 폼알데하이드는 상온에서 기체 상태로, 무색이며 매우 자극적인 냄새를 방출한다. 이를 물에 녹인 것이 바로 포르말린formalin인데, 영화 '괴물'에서 괴물이 탄생하게 된 원인이 되는 물질이다. 영화 속에서 미군이 하수구에 버린 시체방부 처리용 포르말린이 물고기의 변이를 일으켜서 탄생된 생명체가 바로 괴물이다. 이 영화에서 나타난 것처럼, 포르말린은 다양한 용도로 우리 주

영화 '괴물'의 포스터

변에서 사용이 되고 있다. 가장 대표적인 용도가 살균 소독제이고(그만큼 균을 죽이는 데 매우 뛰어나다는 뜻이다), 각종 접착체의 원료로도 사용이 되고 있다.

2015년에는 KBS <똑똑한 소비자리포트>에서 방송이 된 '본드로 이어붙인 나무 도마의 진실' 편에서, 도마에서 폼알데하이드 성분이 검출되었다는 내용도 방송된 바 있다. 이때 폼알데하이드가 검출될 수 있었던 것은 나무 조각을 붙이기 위해서 사용된 접착제에 바로 폼알데하이드가 사용되었기 때문이다. 따라서 반응하지 못하고 남아있었던 폼알데하이드가 빠져나오게 되는 것이 문제가 된 것이었다.

파마약 속의 폼알데하이드

그렇다면 미용실에서는 왜 폼알데하이드가 문제가 되는 것일까? 바로 파마약과 염색약에 그 대답이 숨어있다. 앞서 언급한 대로, 폼알데하이드는 물에 녹인 포르말린 형태로 사용하는데, 이 포르말린은 살균제로 작용하기 때문에 균의 성장을 억제해 제품의 변형을 막는다. 그런데 단순히 살균제 역할만을 기대하여 포르말린을 파마약과 염색약에 사용하는 것일까? 만약 그랬다면, 더 안전한 다른 살균제(엄청나게 많다!)가 진작에 널리 사용됐을 것이다.

포르말린을 사용하는 또 다른 이유는 바로 접착력에 있다.

파마약이든 염색약이든 머리카락에 잘 붙어야 하므로, 기본적으로 접착력이 생명이라고 할 수 있다. 포르말린을 파마약과 염색약에 넣어 주면, 포르말린이 다른 물질과 화학 반응을 진행하면서 접착력이 높아진다. 그러나 미처 반응하지 못한 포르말린 안에 있던 폼알데하이드가 결국 공기 중으로 방출되면서 문제를 일으키게 되는 것이다.

대형 미용실 직원들이 더 피곤한 이유

여기서 문제는 바로 대형 미용실에 있다. 요즘에는 곳곳에서 프랜차이즈 형태의 대형 미용실을 많이 찾아볼 수 있다. 그러다 보니 많은 사람이 동시에 파마약과 염색약을 사용할 가능성 역

대형 미용실에서 약품을 동시에 많이 사용할수록 폼알데하이드의 농도는 높아진다.

시 높다. 폼알데하이드에 노출될 확률도 높아지는 것이다.

더욱 더 큰 문제는 바로 환기시설이다. 이런 대형 미용실을 이용해본 사람들을 알겠지만, 의외로 환기시설이 잘 구비되어 있는 경우가 많지 않다. 창문을 열어놓는 경우는 거의 없고(바람에 머리가 날려 스타일이 망가질까 봐), 환풍구가 있다고 하더라도 동시에 많은 인원이 파마와 염색을 하기 때문에, 한두 개 있는 환풍구로는 한계가 있다. 게다가 여름철에는 냉방관련 법규 때문에 쉽게 창문을 열 수도 없다. 그래서 어느 대형 미용실을 가든지 처음 들어갔을 때 퀴퀴한 냄새를 맡게 되는 것이다.

실제 실험 결과를 보면 기절할 수준이다. 한 대학의 연구진이 여러 대형 미용실들의 실내 폼알데하이드 농도를 측정했을 때, 기본적으로 기준치의 10~20배는 측정이 되었다고 발표한 바 있다. 특히 지하일수록 더 심각했다.

폼알데하이드는 우리 몸에 얼마나 해로울까? 1군 발암물질이라고 생각하면, 위험성에 대해서 쉽게 체감이 되리라 생각된다. 국제암연구소의 발표에 따르면, 폼알데하이드에 노출되었을 때 혈액암, 비인두암 등의 가능성이 높아진다. 인체에 매우 위험한 약품인 것이다.

폼알데하이드는 농도에 따라서 인체에 미치는 영향이 다양하다. 50ppm 이상에서는 폐의 염증을 일으킬 수 있을 정도로 폐에 치명적이며, 10~20ppm만 되어도 정상적인 호흡이 매우 어려워지고, 심지어 0.1ppm 이하에서도 눈이나 목에 자극을 줄 수 있을 정도로 매우 위험한 물질이다. 심한 경우 기억력 상실까지 일으킬 정도이니, 열심히 공부해야 하는 학생들의 경우에는 특히 더 조심해야 할 물질인 것이다.

이렇게 위험한 물질인데, 가장 위험에 노출된 사람은 누구일까? 일주일에 한 번, 또는 한 달에 한 번 오는 손님일까? 당연히 하루에 10시간 가까이 미용실에서 일하고 있는 직원들일 것이다. 미용실에서 일을 한 지 6개월이 넘는 직원에게 물어보면 "주말에 푹 자도 일주일 내내 피곤하다"라는 말을 쉽게 들을 수 있다. 폼알데하이드가 폐에 매우 치명적이니, 자도자도 피곤하다는 말은 단지 기분 탓은 아닐 것이다.

이에 대한 관련 법 규정이 매우 절실한 때이다. 환기에 대한 의무규정을 만들거나, 포르말린을 대체할 수 있는 새로운 물질을 개발하는 것이 시급하다. 새로운 물질을 만들기 위한 시도는 전 세계적으로 이루어졌으나, 아직까지 폼알데하이드만큼 값싸고 효과적인 물질은 개발되지 못했다. 앞으로도 쉽게 대체하기 쉽지 않은 물질인 만큼 그 전까진 잠시 쉴 때라도 신선한 공기를 마시는 등 스스로 조심하는 것이 제일 바람직하다.

02

욕실 청소하다 골로 간다

욕실을 청소하는 것은 확실히 다른 곳을 청소하는 것보다 더 힘들다. 청소를 직접 해봤다면, 물때, 곰팡이, 얼룩 등을 지울 때 어지간한 세제를 사용하거나 아니면 빗자루로 박박 문질러도 생각만큼 깨끗해지지 않는다는 것을 쉽게 알 것이다. 그래서 필자에게도 욕실청소는 가장 힘든 집안일이다.

이렇게 힘든 욕실 청소 때문에 대다수의 집안에서는 락스라는 세제를 하나씩은 가지고 있을 것이다. 해본 사람은 알겠지만, 락스 하나만 사용하면 각종 욕실 내의 때들이 쉽게 벗겨지고, 뿐만 아니라 광까지 나는 것을 보면 마음 속의 묵은 때도 같이 벗겨지는 것 같다. 그래서 여러분들은 아마도 집에서 락스 특유의 향을 정기적으로 맡았을 것이고, 밖에서도 공중화장실이나 수영장 등에서 쉽게 맡을 수 있다.

락스의 성분을 들여다보라

이렇게 우리를 귀찮은 집안일에서 구제해주는 락스에는 어떤 문제도 없을까? 락스의 성분표를 들여다보면 차아염소산나트륨sodium hypochlorite이라는 이름을 쉽게 발견할 수가 있을 것이다. 이 차아염소산나트륨은 수산화나트륨(NaOH) 수용액에 염소(Cl)를 타서 만드는데, 살균제, 탈취제와 표백제로서 효과가 매우 탁월하다. 염소계 표백제의 가장 대표적인 물질이라고 보면 된다. 바로 이 차아염소산나트륨 덕분에 욕실 내 특유의 물때, 곰팡이와 얼룩 등을 손쉽게 제거하고 반짝반짝 광까지 나게 할 수가 있는 것이다.

차아염소산나트륨이 물을 만나면 차아염소산hypochlorous acid이 만들어진다. 수용액 내에서 차아염소산(HClO)은 불안정하기 때문에 다른 물질로 변화하게 되고, 결국 염소 가스(Cl_2)를 발생시키게 된다. 정리하자면, 차아염소산나트륨 때문에 결국 염소 가스가 발생하는 것이라고 보면 된다. 따라서 락스를 이용하여 청소했던 사람들은 소량이든 대량이든 염소 가스를 흡입할 수밖에 없다.

그럼 염소 가스는 얼마나 유해한 물질일까? 고농도의 염소 가스가 제1차 세계대전에서 화학 무기로 사용되었다는 사실 하나만으로 설명은 충분할 것이다. 염소는 공기 중에 0.003~0.006%만 존재하더라도 눈의 점막이 침범되고, 0.1~1% 존재한다면 호흡이 곤란해져서 사망에 이르게 할 수 있다고 알려져 있다. 매우 유독한 가스인 것이다.

락스 청소할 때 주의할 점

그래서 락스로 욕실 청소를 해봤던 이들이라면 청소할 때 눈이 매우 따갑고 숨쉬기가 다소 불편했던 경험을 한 번쯤은 해봤을 것이다.

게다가 욕실을 나름 더 깨끗이 청소하고 싶다는 열망에 '뜨거운 물'과 함께 락스를 사용했던 독자들도 있을 것이다. 락스를 사용하지 않더라도 찬 물로 청소했을 때보다 뜨거운 물로 했을 때 더 효과가 좋다는 것을 경험해봤기 때문이다. 실제로 대다수의 화학반응은 온도가 올라갈수록 속도가 증가하는 경향을 보인다. 그래서 뜨거운 물로 청소하면 더 잘 닦이는 것이다. 뜨거운 물과 락스를 같이 사용하는 경우에도 락스의 반응성이 좋아진다. 문제는 염소 가스의 발생량 역시 늘어난다는 것이다. 욕실이 더 깨끗해질 수는 있지만, 덩달아 염소 가스도 더 많이 흡입하게 되는 아이러니가 발생하는 것이다.

뿐만 아니라 요새는 욕실을 식초로 청소하는 경우도 많은데, 락스로 청소할 때 식초를 같이 섞어서 쓰는 경우도 있다. 식초가 세척력이 좋으니 락스와 함께 쓰면 시너지 효과로 인해서 더 세척이 잘 될 것이라는 생각 때문이다. 하지만 그랬다가는

락스는 환기가 충분히 되는 환경에서 고무장갑을 낀 채로 물에 희석하여 사용해야 한다.

건강을 더 해칠 수 있다는 점을 꼭 기억해야 한다. 락스를 사용할 때 식초도 같이 사용하게 되면, 염소 가스의 발생량이 더 늘어나게 되니 매우 주의해야 한다.

다음의 세 가지 방법을 반드시 기억하여 유용하고 안전하게 락스를 사용하도록 하자.

1. 락스는 반드시 물로 희석시켜서 사용해야 한다. 가능한 한 많이 희석시켜서 염소 가스의 발생량을 최소화시키는 것이 매우 중요하다. 세척 능력이 조금 떨어지면 어떤가? 오래 사는 것이 더 중요하다.

2. 반드시 환기를 시켜야 한다. 욕실에 환풍 시설이 잘 되어있다 하더라도 반드시 모든 문을 다 열고 사용해서 본인이 염소 가스를 흡입할 가능성을 최소화해야만 한다.

3. 반드시 고무장갑을 사용해야만 한다. 염소는 피부에 매우 자극을 줄 수 있는 물질이니 반드시 고무장갑을 착용해야 함을 명심해야 한다.

담배갑에 발암가능성 경고문구 기재하듯이 이러한 사실을 락스 제품의 라벨에 큼직하게 적어 놓는다면, 누구나 사용할 때 조심하지 않겠는가? 게다가 요새는 코로나 바이러스 때문에 살균에 관심이 많다 보니, '락스 희석액'을 분무기에 넣고 사용하는 경우까지 보게 된다. 분무기에 넣고 분사하게 되면, 미세한 물방울을 통해서 호흡기로 차아염소산과 수산화나트륨 성분을 직접 흡입하는 셈이다. 이런 물질들은 호흡기로 바로 유입될 경우, 심각한 독성을 일으키니 반드시 하지 말아야 할 행위임을 잊지 말자.

03

위험한 원룸

원룸 주택one-room system이라는 말은 한 번쯤 모두 들어봤을 것이다. 원룸 주택은 생활에 필요한 최소한의 설비를 방 하나에 갖춘 집이라고 정의한다. 한마디로 방 하나에 화장실과 주방이 있으면 기본 조건은 충족하는 것이다. A one room mansion을 일본에서 완루무만숀ワンルームマンション이라고 읽은 것에서 유래한 말이라고 하니 일본에도 비슷한 구조의 집에 매우 많은가 보다.

그런데 여기서 우리가 심각하게 생각해야 할 것이 있다. 가장 큰 문제는 바로 원룸의 크기이다. 사람 한두 명이 누우면 다 찰 정도의 원룸들이 많은데, 거기에 주방까지 갖추면서 심각한 일이 벌어지고 있다. 주방에는 당연히 도시가스가 연결되어 있다. 그런데 이 도시가스의 주성분이 바로 메테인Methane(CH_4, 메탄이라고 부르기도 한다)이라는 데에 큰 문제가 있다.

집에 머물러 있는 유독가스

아니 도시가스의 주성분인 메테인이 도대체 뭐가 문제란 말인가? 유독가스라도 함유되어 있는 것일까? 바로 메테인이 보여주는 화학반응 특징이 문제가 된다.

표에 제시된 것과 같이 기본적으로 메테인은 주위의 산소의 양에 따라서 생성물이 완전히 달라지는 화합물이다. 산소의 공급량이 충분할 때는 생성물로서 이산화탄소와 물만 발생한다. 그러나 산소의 공급량이 불충분해지면 상황이 변한다. 생성물로서 일산화탄소(CO)와 물이 발생하는 것이다. 아니 멀쩡히 가스레인지 이용해서 방에서 요리만 했을 뿐인데 일산화탄소가 발생한다니!

그럼 일산화탄소는 어느 정도로 위험할까? 일산화탄소는 색이 없고 냄새도 없지만 매우 유독한 기체로서 체내에 들어올 경우 신경계통을 침범한다고 알려져 있다. 공기 중에 0.5%만 있어도 5~10분 안에 사망에 이르게 하는 것으로 알려진 매우 유독한 기체라고 보면 된다. 일산화탄소의 유독성은 헤모글로빈hemoglobin과의 친화력이 산소에 비해 무려 200배나 강한 것

메테인의 화학반응

산소의 공급 상황	CH_4(메테인)의 화학반응
산소가 충분할 때	CH_4(메테인) + 충분한 산소 → CO_2(이산화탄소) + H_2O(물)
산소가 부족할 때	CH_4(메테인) + 불충분한 산소 → CO(일산화탄소) + H_2O(물)

에 유래한다. 일산화탄소가 흡입되어 체내로 들어오면, 혈액 속에서 산소 대신에 헤모글로빈과 결합한다. 이는 몸속 곳곳의 세포에 산소를 공급하지 못하는 결과를 초래하여 치명적인 중독을 일으키게 된다.

2009년 6월 경기도 안성의 한 원룸에서 가스레인지를 켜 놓은 상태에서 잠을 자던 중 2명이 일산화탄소 중독으로 사망한 사건이 있었다. 바로 메테인의 이러한 화학적 특징 때문인 것이다. 따라서 이렇게 사망까지 가지는 않는다 하더라도, 심각하게 이 상황을 인식해야만 한다.

환기가 제대로 되지 않은 상황에서 집에서 장시간 가스레인지로 조리를 하게 되면, 결국 시간이 지남에 따라서 방 안의 일산화탄소 농도도 덩달아 높아진다. 게다가 색깔과 냄새가 없기 때문에 가정집에서 스스로 확인할 방법이 전혀 없다. 겨울이라면 상황은 더 심각하다. 겨울철에는 너무 추워서 제대로 창문도 열지 않고 요리를 하는 경우가 훨씬 더 많기 때문이다. 원룸에서 자취하는 학생들 중에서 아무리 자도 피로가 안 풀린다고 말하는 경우가 많은데, 일산화탄소가 이러한 부분에도 어느 정도 영향을 준다.

신경계통에 매우 치명적이라고 알려진 일산화탄소에는 노출을 최소화하는 것만이 건강하게 사는 지름길이다. 요리할 때는 후드(가스레인지 위에 있는 환풍기)를 틀거나, 창문을 열어 환기하는 것은 필수라는 것이다. 이러한 문제를 해결하기 위해서 방송매체 등을 통해서 전국민적 교육을 실시하든지 법 제정을 통해서 해결하든지 시급한 대책이 필요하다.

특히 기숙사에 입주하지 못하는 대학생들의 상당수가 원룸에 사는 경우가 많고, 그 외에도 1인 가구의 증가로 원룸에 거주하는 사람들이 늘어나고 있다. 필자가 지금까지 학생들을 만나보면 이러한 문제점에 대해서 아는 경우가 거의 없으니 더욱 심각하다.

04

양초의 비밀

요새는 정말 다양한 양초가 나오고 있다. 과거에는 생일 축하 파티를 할 때 사용하거나 정전되었을 때를 대비해서 준비해 놓는 제품이었는데, 요새는 목욕할 때 긴장 완화를 목적으로 사용하거나 멋진 레스토랑에서는 로맨틱한 분위기를 내기 위해서 사용하기도 한다. 그래서 요새는 선물용으로도 양초가 널리 애용되고 있다. 이런 양초에 무슨 문제라도 있는 것일까?

양초의 성분을 살펴보자

먼저 양초의 주성분은 파라핀paraffin이다. 파라핀이란 말의 유래는 '반응을 거스르다(against reactions)'라는 뜻의 라틴어 '*parum affinis*'이다. 반응을 거스른다는 것은 상대적으로 반응성이 낮다는 뜻으로 이해하면 된다. 즉, 파라핀은 다른 물질과 쉽게 반응하지 않는, 상대적으로 안정한 물질이라고 보면 되겠다.

파라핀은 알케인Alkane으로도 알려져 있다. 알케인은 탄소와 수소만으로 이루어진 화합물인 탄화수소의 일종으로, 일반 분자식이 C_nH_{2n+2}인 화합물을 통칭하여 부르는 말이다. n이 1인 CH_4는 메테인methane, n이 2인 C_2H_6는 에테인ethane, n이 4인 C_4H_{10}는 뷰테인butane이며, n의 값에 따라 무수히 많은 종류의 알케인이 존재할 수 있다. 이런 알케인을 다른 말로 파라핀이라고 한다고 보면 되겠다. 그런데 보통 일상생활에서 파라핀이라 함은 탄소수인 n이 16~40 정도의, 고체 상태의 물질을 지칭한다. 따라서 여러분들이 알고 있는 양초는 파라핀 중에서도 탄소수가 높은 물질들로 구성된 것이라고 보면 된다.

여기서 '양초의 촛농은 먹어도 된다'라는 말이 나오게 되었다. 파라핀 물질들은 상대적으로 반응성이 낮기 때문에, 몸 안에 들어와도 특별한 반응을 일으킬 가능성이 낮다. 따라서 시간이 지남에 따라 몸 밖으로 배출될 것이라는 생각을 쉽게 하게 된 것이다. 실제로도 먹었을 때의 부작용이나 발암성에 대해서는 아직까지 명확하게 밝혀진 바는 없으니 안심하고 먹어도(?) 되긴 하겠다.

그런데 문제는 1년에 한두 번 먹을까 말까 하는 양초의 섭취 가능성에서 초래되기보다는 양초를 태울 때 발생한다. 원룸 파트에서도 보았듯이 메테인과 같은 파라핀의 반응성에 유의해야 한다.

파라핀의 화학반응

산소의 공급 상황	파라핀의 화학반응
산소가 충분할 때	파라핀 + 충분한 산소 → CO_2(이산화탄소) + H_2O(물)
산소가 부족할 때	파라핀 + 불충분한 산소 → CO(일산화탄소) + H_2O(물)

표에서 보듯이 산소가 충분하다면 파라핀이 연소할 때 이산화탄소와 물만 발생하게 되고, 산소가 불충분하다면 일산화탄소와 물이 발생하게 된다. 한마디로 거실이나 레스토랑처럼 넓은 공간에서는 산소가 충분하므로 양초를 태워도 안전한 이산화탄소와 물만 발생하지만, 욕실과 같은 한정된 공간에서 수시로 양초를 태울 경우, 특히 환기가 잘 되지 않는 욕실에서 만약 많은 개수의 양초를 동시에 태우게 되면 유해한 일산화탄소가 발생할 가능성이 높아지는 것이다. 따라서 조그마한 양초 1개를 목욕할 때 태운다고 해서 일산화탄소가 발생할 가능성은 높지 않으니 그렇게까지 염려할 필요는 없다.

양초 내의 첨가제들

여기까지만 읽으면 양초를 좁은 공간에서 많은 양을 태우지만 않으면 괜찮겠다는 생각을 하게 된다. 그런데 지금까지의 설명들은 모두 양초가 순수 파라핀으로만 이루어졌다는 가정에서 말한 것이다. 만약 양초에 다른 불순물이 있다면 어떻게 될까? 미국의 사우스캐롤라이나 대학 연구팀의 연구결과를 주목

형형색색의 양초에는 다양한 색과 향을 내는 첨가제가 함유되어 있다. 어떤 첨가제가 얼마나 들어갔는지 확인하는 지혜가 필요하다.

할 필요가 있다. 해당 연구결과에 따르면 양초가 탈 때 나오는 연기를 분석했더니 천식 등을 일으킬 수 있는 유해물질이 발생한다고 보고한 바 있다. 물론 이 연구원들도 지나치게 걱정할 수준은 아니라고 밝혔고, 다만 환기가 잘 되지 않는 곳에서는 위험할 수 있다고 하였다.

그 이유는 바로 양초 내의 파라핀 성분이 아닌 물질들 때문이다. 당연히 양초에는 색소나 향이 들어가고 여러 기능성을 부여하기 위한 다양한 첨가제가 들어가게 된다. 이들이 타면서 유해물질이 발생하는 것이다. 물론 양초의 주성분은 파라핀이니, 사용하는 양초의 파라핀 비중이 높다면 1~2개 정도를 좁은 공간에서 태워도 크게 문제가 되지 않을 것이다. 다만 양초에서 파라핀의 비중이 상대적으로 낮고 다른 첨가제의 비중이 더 높아지게 된다면 적은 양이라도 좁은 공간에서 태우면 위험성이 크게 높아지는 것이다.

따라서 우리는 순도 높은 양초를 구매하는 게 바람직하다는 결론에 이르게 된다. 그러나 시중에서 파는 양초 제품에서 파라핀의 함유량이나 순도를 찾아 보기란 쉽지 않은 실정이다. 그러니 추후 법으로 바뀌기 전에는 좁은 공간에서 오랫동안 양초를 태우는 일은 최소화하는 게 건강하게 사는 지름길이다. 욕실이나 원룸이 그 대표적인 예이다. 로맨틱한 분위기 때문에 더 피곤해지면 안 되지 않은가.

05

실크벽지 속 PVC

어느 날 방송국에서 PVC에 대한 자문을 구하는 전화가 왔다. 그래서 상세히 설명해줬던 기억이 난다. 먼저 PVC는 Poly(vinyl chloride)의 약자이며, 화학구조는 그림에 나타난 것과 같은데, 탄소carbon 원자와 수소hydrogen 원자 외에 염소chlorine 원자가 반복적으로 존재하는 고분자polymer 물질이다. 세계적으로 폴리에틸렌polyethylene과 폴리프로필렌polypropylene에 이어서 3번째로 생산이 많이 되고 있으니(폴리에틸렌과 폴리프로필렌은 배달음식 용기의 주재료이다) 얼마나 널리 쓰이는지 쉽게 상상이 될 것이다.

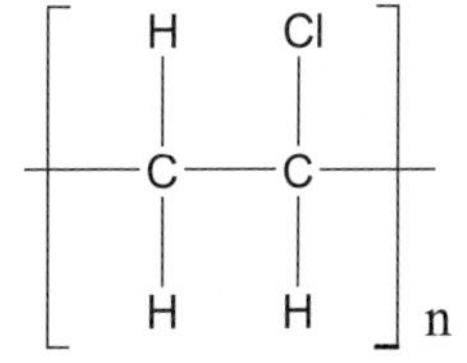

Poly(vinyl chloride)의 화학구조

PVC는 다른 플라스틱에 비해서 내구성, 내화학성, 내부식성 등이 우수하기 때문에 우리 주변에서도 창틀, 상하수도관, 바닥재,

인조가죽 등에 널리 사용되고 있다. 게다가 일반 알루미늄 창틀에 비해서 무려 3배의 단열성을 보이기 때문에, 냉난방 시 에너지 절약에 크게 기여한다. 또한 상하수도관으로 사용할 경우에는 내구성이 약 50년 정도여서 잦은 교체비용의 부담이 없고 쓰레기 문제도 해결할 수 있세 해주는 매우 고마운 물질이기도 하다.

이런 식으로 신나게(?) 설명해줬던 기억이 난다. 그런데 담당 PD가 PVC를 물은 건 다름 아닌 실크벽지에 PVC가 쓰이고 있기 때문이었다. 물론 PVC는 일반 벽지에도 범용되기 때문에 얼마든지 실크벽지에도 사용되고 있을 법하다. 그러나 보통 실크벽지라고 하면 당연히 100% 실크로만 구성돼 있을 것이라고 생각을 하게 된다.

PVC의 가소제가 위험하다

그럼 고마운 존재라고 말했던 PVC가 벽지에 사용되는 것에 어떤 문제라도 있는 걸까? 평소에 신문기사 등을 눈 여겨 봤다면 PVC하면 항상 따라다니는 말이 바로 가소제plasticizer라는 것을 알 수 있다. 가소제는 한마디로 플라스틱을 부드럽게 해주기 위해 넣어주는 첨가제라고 보면 된다. PVC에는 대표적으로 다이에틸헥실프탈레이트DEHP가 가소제로 쓰이는데, 유럽연합에서는 다이에틸헥실프탈레이트를 발암성과 변이독성이 있는 물질이라고 발표했을 정도로 매우 유독한 물질이다.

따라서 아이들의 장난감이 PVC로 만들어졌다면 다이에틸헥실프탈레이트 등의 가소제가 들어있을 가능성이 매우 높으니 이를 입으로 빤다면 아이에게 매우 치명적일 수 있다. 하지만 벽지라면 얘기가 다르다. 휘발되어서 빠져나오지는 않기 때문에 이를 크게 걱정할 필요는 없다. 기분이 꿀꿀하다고 벽지를 핥거나 빨지는 않지 않은가! 따라서 실크벽지에 PVC를 썼다고 해서 다이에틸헥실프탈레이트 등의 가소제 때문에 문제가 될 수 있다고 말하는 것은 무리라고 본다. 어떤 이들은 손으로 벽지를 문지르다 보면 가소제가 빠져나와서 손에 묻는다고 하는데, 가소제의 평균 함유량을 생각하면 이 역시 무리이다. 물론 벽지를 수시로 손으로 문지르는 사람도 없겠지만 말이다.

실크벽지에 불이 붙으면

가소제 때문이 아니라면 도대체 PVC는 왜 문제가 될 수 있을까? PVC의 화학구조를 보고 어느 정도 감을 잡았을 수도 있겠다. 구조식에서 보다시피, PVC에는 염소가 포함되어 있다. 어떤 물질이 불에 탈 때, 무슨 일이 벌어질지를 생각해 보면, PVC의 문제점에 한걸음 다가갈 수 있다. 고분자 물질들은 불에 탈 때 구성 원소로 분해된다. PVC의 구성 원소는 탄소(C)와 수소(H), 그리고 염소(Cl)이므로 이 세 원소로 분해될 것이다. 그런데 그 과정에서 수소 원자와 염소 원자가 만나 염화수소(HCl)가 발생될 수 있다는 점에 집중해야 한다.

염화수소는 위험한 물질일까? 염화수소는 부식성이 강하고 쇠를 녹슬게 할 정도의 능력을 갖고 있는 매우 위험한 물질이다. 흔히 말하는 염산이 바로 염화수소가 물에 녹은 물질이다. 소방학교 자료에 따르면 염화수소의 독성 허용농도는 5ppm이다. 일반적으로 화재발생 장소의 염화수소 기체 농도가 50ppm 정도로 알려져 있는데, PVC 사용량이 많은 공간에서 화재가 발생하면 당연히 50ppm 보다 많은 양이 발생하게 될 것이다. 참고로 쥐에게 30~60분 정도 노출했을 때의 치사 농도를 측정하게 되면 염화수소의 경우 1000~2000ppm으로 알려져 있다.

정리하자면, 화재 발생 직후 30분 정도가 지난 상황에서, 발생하는 염화수소의 농도를 고려하면 염화수소만을 흡입해서 사망에 이르지는 않는다. 그러나 화재가 발생하면 일산화탄소 역시 매우 많이 발생하고, 이런 상황에서 매우 유독한 염화수소 역시 무시할 수 없는 수준(독성 허용농도 5ppm을 넘는 농도)으로 발생한다는 점이 문제이다. 한마디로 혹시 모를 화재를 생각하면 염화수소의 발생량을 최소화하는 것이 바람직하다.

물론 PVC의 발화온도는 450℃로 다른 플라스틱 대비 높은 편이고, 연소가 시작된 뒤 연소의 지속성 역시 다른 플라스틱에 비해 낮은 편일 정도로 상대적으로 안정한 물질은 맞다. 그렇지만 일단 화재가 발생하고 연소가 진행되는 동안 염화수소는 그만큼 비례해서 발생하기 때문에 이에 대한 사실을 우리는 정확히 인지해야만 한다. 따라서 실크벽지를 구매하게 되었을 때, PVC의 함유량을 체크해보는 게 바람직하겠다. 물론 화재가 일어나지 않도록 안전을 잘 관리하는 것이 제일 바람직하다.

네일아트숍의 퀴퀴한 냄새

불황이다. 게다가 COVID-19 사태 때문에 더 심해진 불황은 끝이 보이지 않는 듯하다. 불황이다 보니 청년들의 취업난 역시 심각해지고 있다. 필자처럼 대학에 종사하는 사람들은 바로 눈앞에서 이런 취업난을 지켜보다 보니 마음 아픈 순간들이 너무나도 많다.

이렇게 불황이다 보니 정부에서는 창업을 독려하고 있고, 실제로 많은 이들이 창업에 도전하고 있다. 그중에서 대표적인 것을 하나 꼽으라고 하면 '네일숍'이 아닐까 싶다. 통계청 자료에 따르면 운영중인 네일숍이 6000개 이상이며, 종사자가 약 1만 이상이라고 한다. 네일아트 시장이 연 3000억 원 규모이고, 서비스 분야까지 포함하면 1조 원에 이를 것으로 추정한다는 기사도, 길거리에서 네일숍이 흔히 보이는 것을 보면 전혀 과장이 아니라는 생각도 절로 든다. 불황이라고 하지만, 다소 적은 비용으로 스트레스도 풀 수도 있는 매력이 있기 때문에, 개인의 뷰티를 위한 이러한 투자는 앞으로도 유망하지 않을까 싶다.

용매의 위험성

그렇다면 이러한 네일숍의 문제는 무엇이 있을까? 바로 네일숍에서 사용하는 용매solvent에 있다. 용매의 정의는 용질을 녹여 용액을 만드는 물질이다. 예를 들어서 물에 소금을 녹여서 '소금물'을 만들면, 여기서 소금은 용질이 되고, 물은 용매가 된다.

네일숍에서는 바로 이렇게 무언가를 녹일 수 있는 용매가 많이 사용이 된다는 것이 가장 큰 문제이다. 당연히 기존 손톱이나 발톱에 묻어 있는 매니큐어 물질은 물로 제거되어서는 안 된다. 만약 물로 쉽게 제거된다면 손이나 발을 씻을 때 전부 지워져 네일아트를 하는 의미가 없어질 것이기 때문에, 수용성 물질은 사용되지 않는다. 따라서 이들을 쉽게 제거하기 위해서 여러 용매들이 사용되는데, 대표적인 것이 바로 아세톤acetone과 톨루엔toluene이다. 이러한 용매들의 뛰어난 능력 덕분에 우리는 매니큐어 물질을 쉽게 닦아내고 다시 새로운 물질을 바를 수 있다.

문제는 이러한 용매들의 휘발성에 있다. 집에서 매니큐어를 지울 때 아세톤을 사용하는 것은 흔하며, 그때마다 독특한 향을 맡아본 적은 누구나 있을 것이다. 특히 그 향이 그리 좋지는 않았던 기억이 있을 것이다. 그때 냄새를 맡을 수 있었던 것이 바

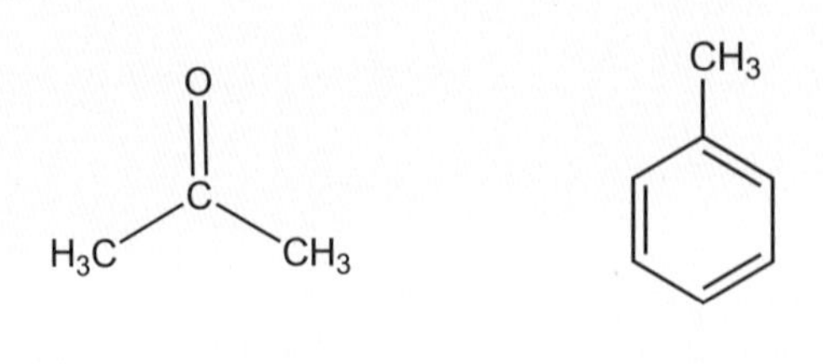

아세톤의 화학구조　　　　톨루엔의 화학구조

로 아세톤의 휘발성 때문이다. 아세톤은 쉽게 휘발되므로 매니큐어를 지우는 짧은 순간에도 코가 그 향을 맡게 된 것이다. 이렇게 휘발성이 높은 물질의 위험성은 어떨까?

먼저 아세톤의 경우 마시는 사람은 없을 테니, 코로 흡입했을 때의 위험성만 보면 되겠다. 아세톤은 폐를 통해서 신속하게 흡수된다고 알려져 있으며, 오심, 구토, 두통, 흥분, 메스꺼움, 피로, 기관지 자극의 증상이 나타날 수 있다고 보고된 바 있다.

그렇다면 톨루엔의 위험성은 어떨까? 톨루엔은 폐로 흡입하면 폐 손상이 일어날 수 있으며, 기침, 호흡 곤란 및 폐부종이 있을 수 있는 위험한 물질이다. 게다가 벤젠benzene, 톨루엔 및 자일렌xylene과 같은 용매에 노출된 여성들에게서 주로 이상출혈과 연관된 월경 장애가 나타났다는 연구결과도 있으니 그 위험성은 매우 크다고 보면 되겠다.

이렇게 위험한 용매들이 휘발되어 네일숍 안을 돌아다닌다니 생각만 해도 끔찍하다. 그렇다면 많아야 1주일에 한 번 가는 손님보다 매일 10시간가량 네일숍에 근무하는 근로자가 훨씬 더 위험하다는 것은 자명하다. 게다가 환기가 잘 되지 않는 시설이 무척 많다는 것이 몹시 우려스러운 일이다. 네일숍 근로자분들도 괴롭다보니, 마스크를 착용하고 일하시는 장면을 심심치 않게 볼 수 있는데, 결론부터 말하자면 마스크는 무용지물이다. 마스크의 미세한 구멍보다 이러한 아세톤과 톨루엔 분자의 크기가 훨씬 더 작기 때문에, 그냥 통과하여 코와 입으로 흡입될 수 있다. 그래서 이렇게 마스크를 착용하고 일하시는 분들을 보면 걱정스러운 마음이 앞서곤 한다.

너무 많은 규제는 산업을 위축시킨다는 논리가 틀린 말은 아니지만, 그렇다고 해서 사람들의 안전보다 우선할 수는 없다. 환기 규정만이라도 명확히 세워준다면, 이 많은 네일숍 종사자들의 안전을 지킬 수 있다고 본다. 네일숍 종사자들 상당수가 서민임을 감안하면, 서민경제 생각한다면서 정작 안전을 고려하지 않는다면 이보다 큰 난센스가 없을 것이다!

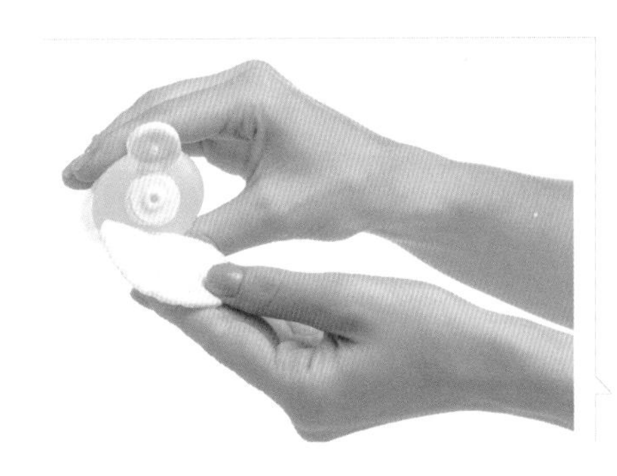

매니큐어를 지우기 위해 사용하는 용매들은 코로 흡입 시 몸에 유독한 물질들이다.

07

가습기에 바닷물을 사용하면

코로나바이러스로 인한 펜데믹이 쉽게 가라앉지 않다 보니, 이와 관련된 다양한 살균제들이 일상을 함께하고 있다. 이제는 어디서든 흔하게 '손 소독제'를 접할 수 있는데, 그 안에 들어있는 에탄올ethanol의 향이 이제 친숙하기까지 하다. 이 에탄올 외에도, 집에서는 구연산, 베이킹 소다, 과탄산소다 등도 살균제로 널리 사용되고 있다. 그만큼 살균에 대한 사람들의 인식이 달라지고 있다.

바이러스, 균 등에 대한 공포 때문에 살균과 관련된 다양한 민간요법도 널리 이용되고 있다. 대표적인 사례가 가습기에 바닷물을 사용하는 것이다. 논리는 이렇다. 바닷물의 대표적인 성분은 모두가 알고 있듯이 염화나트륨(NaCl)이다. 이 염화나트륨이 포함된 물이 초음파를 통해서 에어로졸aerosol 형태로 뿜어져 나갈 때, 염화나트륨의 살균력에 의해서 공기 중의 코로나 바이

초음파 가습기는 안에 담긴 액체를 미세한 입자인 에어로졸 형태로 분사한다.

러스가 살균된다는 것이다.

바닷물에는 다양한 이온이 존재한다

논리만 놓고 보면 아무 문제도 없어 보인다. 실제로 염화나트륨에는 살균 효과가 있기 때문이다. 우리가 먹는 소금이 잘 썩지 않는 것만 봐도 쉽게 이해가 될 것이다. 소금 위에 각종 바이러스나 균이 놓이면, 삼투압osmotic pressure에 의해서 바이러스나 균에서 물이 빠져나옴으로써 사멸된다. 소금의 이런 원리를 이용해서, 바닷물을 가습기물로 활용하고자 한 노력이 황당한 이야기만은 아닌 것이다.

그러나 코로나 바이러스에 대한 살균력 검증은 차치하더라도, 가장 큰 문제는 바로 안전성에 있다. 바닷물에는 물 이외에 수많은 이온들이 있다. 염화나트륨을 구성하는 염소 이온과 나트륨 이온이 대표적이지만, 마그네슘 이온, 황산 이온, 칼슘 이온, 칼륨 이온 등도 역시 바닷물 안에 존재하고 있다. 만약 가습기의 초음파에 의해서 바닷물이 에어로졸 형태로 뿜어져 나간다면, 우리는 이런 물질들을 코로 그대로 들이마시게 된다. 이온의 크기는 매우 작으므로, 대다수는 기관지에서 걸러지지 못하여 폐로 직행하게 된다.

위험한 바닷물속 이온들

이러한 이온들이 폐의 허파꽈리에 붙으면, 물이 증발되어 다양한 염의 형태가 된다. 구체적으로는 염화마그네슘, 황산마그네슘, 황산칼슘 등이 형성될 수 있다. 이러한 염들이 허파꽈리에 달라붙으면 어떤 일이 발생할까? 첫 번째 문제점은 삼투압 현상을 통해 허파꽈리에서 물을 불필요하게 빼낸다. 쉽게 얘기해서 허파꽈리는 물을 잃고, 큰 자극을 받게 되는 것이다. 두 번째로, 다른 더 큰 문제는 황산칼슘염이 매우 자극적인 물질이라는 것이다. 황산칼슘은 허파꽈리에 달라붙으면 직접적인 자극을 통해 폐렴을 일으킬 수 있는 위험한 물질이다.

결국 바닷물을 가습기에 사용할 경우, 우리의 소중한 폐는 그만큼 손상을 입을 수 있다. 우리를 충격과 공포에 몰아넣었던 가습기 살균제 사건을 잊지 말아야 한다. 당시 사용됐던 가습기 살균제는 실세로 우리가 먹었을 때는 죽지 않을 정도의 제법 안전한 섭취독성을 갖고 있었다. 그런데 에어로졸 형태로 흡입하여 물질이 폐에 직접 닿았을 때는 폐섬유화를 일으켜서, 사망자가 수백명에 이르렀던 물질이다. 즉, 먹어서 안전하다고 해서 흡입해서 안전하다는 생각은 반드시 피해야 하는 무서운 생각인 것이다. 바닷물 역시 먹을 수 있다고 해서 흡입해도 괜찮을 것이라고 생각한다면, 제2의 가습기 살균제 사건을 또 보게 될 지도 모르는 일이다.

08

천연세제는 다 안전한가?

요즘 대형마트에 가면 신기한 현상을 보곤 한다. 바로 베이킹 소다 대용량을 카트에 넣고 다니는 사람들의 모습이다. 예전에는 그런 모습을 보면 '저 분은 빵을 자주 만들어 먹나 보다' 정도로 생각했을 텐데, 이제는 '청소용으로 사가나 보다'라는 생각이 먼저 든다.

어떻게 보면 이런 현상은 최근에 확산되고 있는 화학물질에 대한 공포 때문이 아닌가 싶다. 일단 많은 이들의 목숨을 앗아가고 수천명의 피해자가 발생한 가습기 살균제에 대한 공포! 그 뒤로도 터져 나오는 각종 유해 화학물질에 대한 공포 때문에 사람들이 서서히 인공 화학물질을 기피하는 현상들이 나오고 있는 것이다. 그래서 세제라도 가급적이면 인공적으로 합성한 물질이 아닌 '평소에 우리가 먹을 정도로 안전한 자연물질'로 대체하고자 하는 움직임이 일고 있는 것은 요새는 전혀 이상할

게 아니다. (예전 같으면 유별나다는 소리를 들었을 것이다.) 그러한 움직임에 발맞추어 여러 방송매체에서는 일명 '친환경 살림법'과 '친환경 세제' 등의 이름으로 사람들에게 많은 정보를 제공하고 있고, 방송의 파급력 때문인지 베이킹 소다를 청소용으로 사가는 사람들도 점차 늘게 된 것이다.

베이킹 소다, 식초, 소금

그럼 친환경 세제라고 자주 언급되는 것은 무엇이 있을까? 크게 3가지로 압축이 된다. 베이킹 소다, 식초, 소금이다. 먼저 베이킹 소다부터 알아보자.

베이킹 소다baking soda는 그 이름에도 나와 있듯이 빵을 만들 때 사용하는 가루로서, 탄산수소나트륨($NaHCO_3$)을 이미한다 빵이나 과자를 만들 때 반죽 팽창제의 역할을 하며, 단독으로 사용할 경우에는 가스 발생량이 적고, 제품의 색이 변색이 될 뿐만 아니라 쓴맛이 나타난다는 단점이 있다. 이러한 단점을 보완하기 위해서 각종 첨가제(산성제와 완화제)를 넣은 것이 바로 베이킹 파우더baking powder이다. 여기서 베이킹 소다라고 불리우는 탄산수소나트륨의 성질을 이해해야 한다.

탄산수소나트륨이 물에 녹으면 알칼리성(염기성)을 띠는데, 이 알칼리성 성질 때문에 각종 단백질이나 때들을 녹여내서 제거하는 것이 가능하다. 특히 주방 곳곳에 묻어 있는 각종 기름

때들은 산성을 띠는 경우가 많은데, 탄산수소나트륨의 알칼리성 성질을 이용하면 산-염기 반응이 일어나 기름때가 쉽게 녹는다. 녹은 기름때는 손쉽게 닦을 수 있으니 베이킹 소다가 요즘 친환경 세제로서 각광을 받는 것이다.

그렇다면 식초는 어떨까? 식초는 아세트산acetic acid(CH_3COOH)이 물에 희석되어 있는 상태를 말한다. 아세트산은 산성 물질이기 때문에 각종 때나 얼룩 등을 분해해서 제거하는 능력이 탁월해서 요새 베이킹 소다와 함께 많은 각광을 받고 있다. 뿐만 아니라 아세트산은 각종 균을 죽이고 미생물의 번식을 억제한다고 알려져 있으니 세척제로서 매우 매력이 넘친다고 보면 되겠다.

게다가 와이셔츠 목 부분의 때처럼 잘 빠지지 않는 때들은 식초와 베이킹 소다를 같이 사용하면 쉽게 제거할 수 있다. 이 두 물질 각각의 성질 때문도 있지만, 식초와 베이킹 소다가 반응하여 발생하는 이산화탄소가 때와 섬유 사이의 잡아당기는 힘을 약화시킨다. 그 결과로 손쉽게 때를 벗겨낼 수 있는 조건이 만들어진다. 그래서 요즘 너 나 할 것 없이 식초와 베이킹 소다가 청소 용품으로 많은 사랑을 받고 있는 것이다.

요즘에는 소금도 널리 애용되고 있다. 소금의 화학식은 NaCl로서 나트륨(Na) 원소와 염소(Cl) 원소로 구성되어 있다. 두 원소 간에는 전기음성도electronegativity(원자가 전자를 끌어당기는 능력) 차이가 크다. 염소의 전기음성도가 나트륨보다 훨씬 크므

베이킹 소다에 식초를 부으면 발생하는 이산화탄소 거품이 때를 쉽게 제거할 수 있게 한다.

로, 나트륨 원소의 전자electron는 염소 원소로 이동하고, 전자를 잃은 나트륨 원소는 나트륨 양이온(Na^+)이 된다. 전자를 얻은 염소 원소는 염소 음이온으로 존재한다. 즉, 우리가 알고 있는 소금은 나트륨 양이온(Na^+)과 염소 음이온(Cl^-)으로 구성돼 있으며, +와 – 간의 잡아당기는 힘이 존재하기 때문에 이러한 결합을 특별히 이온 결합ionic bond이라고 부른다. 한마디로 소금은 양이온과 음이온으로 구성된 이온 결합 물질이라고 보면 되겠다.

그렇다면 이온 결합이기 때문에 나타나는 특징은 무엇이 있을까? 주변 물질이 가까이 오게 되면 이를 극성화시키는 것이 가능하다. 예를 들어 소금의 양이온 쪽에 어떤 물질이 가까이 오면 그 물질은 음극으로 유도되고(음극성화), 소금의 음이온 쪽에 어떤 물질이 가까이 오면 그 물질은 양극으로 유도될 수 있다 (양극성화). 그렇게 극성화시킬 수 있기 때문에 결과적으로 그 물질을 잡아당길 수 있는 환경이 만들어진다. 그래서 소금물로 세척을 하게 되면 각종 때들이 손쉽게 닦이는 것을 쉽게 발견할 수가 있을 것이다.

천연 세제를 잘 사용하려면

베이킹 소다, 식초와 소금 모두 다 우리가 평소에 먹는 것들인데 아무 문제가 없을까? 분명히 우리가 인지해야만 하는 사실이 있다. 먹어서 안전하다고 해서, 코로 흡입했을 때 안전하다고 말할 수는 없는 것이다. 먹으면 위로 가지만, 코로 흡입할 경우 기관지로 간다. 기관지에서의 걸러지지 않은 물질은 결국 폐로 간다는 점을 늘 유의해야만 한다. 게다가 폐는 따로 안전망이 없기 때문에 유해 물질을 흡입할 경우 바로 폐포에 닿으므로 더욱 위험할 수 있다. 그래서 가습기 살균제 사건이 일어난 것이다.

그런데 베이킹 소다, 식초와 소금이 세척력이 뛰어나다고 해서 물에 녹여 분무기에 넣어서 사용하는 사람들이 많다는 점에서 매우 우려스럽다. 분무기에 넣고 사용하면 무척 편리하지만, 뿌리는 동안 본인도 모르는 사이에 코로 흡입할 가능성이 매우 높아지게 된다.

식초의 아세트산에 대해서 좀 더 구체적으로 설명하자면, 아세트산이 물에 희석되어 있어서 저농도로 존재하면 이를 식초라고 부르지만, 아세트산의 순도가 높아져서 실온에서 고체 상태로 존재하면 빙초산glacial acetic acid이 된다. 빙초산은 피부에 닿으면 심한 염증을 일으킨다고 알려져 있다. 한마디로 저농도의 아세트산은 먹어도 되지만, 고농도의 아세트산은 위험하다는 뜻이다. 따라서 비록 아세트산이 저농도로 존재하는 식초지만 분무기에 넣어서 사용하게 되면 다량 흡입할 가능성이 매우 높고, 욕실을 청소한다고 밀폐된 곳에서 사용할 경우, 더 많은 양을 흡입할 수 있기 때문에 반드시 주의해야만 한다.

베이킹 소다와 소금도 마찬가지이다. 먹을 수 있는 물질이지만, 코로 흡입해서 폐로 보낼 경우 베이킹 소다와 소금 역시 매우 위험할 수 있으니 이 점은 늘 유의해야 한다. 따라서 청소용으로까지 널리 사용되는 베이킹 소다 제품의 경우 라벨에 주의사항 같은 것을 기재하도록 하는 게 바람직하다.

09

크레파스의 납 성분

필자에게는 자녀가 둘이 있는데, 두 아이 다 그림 그리는 것을 무척 좋아한다. 아이들은 어디서나 빈 종이에 색연필이나 크레파스만 손에 쥐어 주면 심심할 틈 없이 그림을 그리며 즐거운 시간을 보내곤 한다. 온갖 상상력을 발휘해가며 종이를 형형색색으로 채우는 모습을 구경하다 보면 엉뚱한 표현에 웃음이 나오기도 하고, 아이들이 즐거워하는 모습에 필자도 절로 행복해지곤 한다.

그런데 이런 행복감과 함께 불현듯 불안감이 엄습해올 때가 있다. 바로 아이들이 크레파스를 입에 넣거나 크레파스가 묻은 손으로 무언가 집어먹지는 않을까 하는 걱정 때문이다. 그래서 아이들이 크레파스로 그림을 그릴 때면 유심히 지켜보고 있다가 다 그리고 나면 바로 아이들 손을 닦아준다. 아마 이 모습을 다른 이들이 본다면 유별난 아빠나 결벽증 있는 아빠 정도로 생각할 지도 모르겠다.

하지만 크레파스의 불편한 진실을 마주하게 되면 아빠인 필자의 심정을 쉽게 이해하게 될 것이다. 크레파스 내에는 무슨 성분이 있기에 불편한 진실을 간직하고 있는 것일까?

손에 잘 묻는 크레파스가 위험하다

간단한 실험을 해보았다. 시중에 판매되는 크레파스를 구입해서 납 성분이 검출되는지 실험을 통해 확인하고자 했다. 그 결과, 일부 크레파스에서 납 성분이 검출되었다. 매우 놀라고 경악을 금치 못할 수도 있겠으나, 사실 그리 놀라운 일은 아니다. 원래 납 성분은 페인트 안료로 널리 사용이 되고 있기 때문이다. 그래서 여러 색을 갖고 있는 크레파스에서 납 성분이 검출되는 것은 어쩌면 당연한 일이다.

그런데 문제는 페인트와 크레파스 내의 납 성분의 위험성을 동일하게 보지 말아야 한다는 점이다. 페인트는 바르고 나면 우리 인체에 유입될 가능성은 극히 작다. 페인트칠이 아주 오래돼서 가루가 날리지 않는 한 말이다. 그런데 크레파스는 그 조직을 매우 약하게 하여 종이 위에 쉽게 묻을 수 있도록 한 것이다. 그 약한 조직 덕분에 우리가 손으로 만질 때에도 바로 묻어나오게 된다. 결국 크레파스를 맨손으로 만지거나 크레파스가 묻은 종이를 손으로 만지게 되면 손에 쉽게 묻는 것이고, 결과적으로 맨손으로 음식을 자주 집어먹는 아이들의 몸속에 납 성분이 유입될 확률이 매우 높아지게 되는 것이다.

그렇다면 어린아이의 체내에 납 성분이 많이 유입되면 어떤 문제를 일으킬까? 독성 연구결과를 살펴보자. 혈중 납 농도가 증가하면, 공격적인 성향이 증가하였고, 성장을 지연시키고, 언어 인지에 영향을 미친다는 연구결과들이 있다. 심지어 어른에 비해서 어린이에게 독성이 오래 유지될 수 있다는 연구결과도 있다. 한마디로 아이들에게 매우 위험한 성분인 것이다.

우리가 보호해야 할 아이의 건강

그런데도 우리는 마트에서 크레파스 제품에 붙어있는 '무독성'이라는 표시만 믿은 채, 크레파스를 가지고 노는 아이들에 대해서 너무 무신경한 건 아닌지 모르겠다. 최근 정부에서 '무독성'이라는 표현에 대해서 엄격히 규제한다고 하는 것은 늦었지만 매우 반가운 소식이다. 이제는 '무독성, 무공해' 등을 표시할 때, 소비자가 모든 독성이 없는 것으로 오인하지 않도록, 어떤 화합물이 검출되지 않은 것인지를 명시해야 한다. 또 생활화학제품이나 살생물제 광고에 '무독성', '친환경적인' 등의 문구를 표기하지 못하도록 하고 있다.

그렇다면 어떻게 행동하는 것이 현명한 방법일까? 그동안 크레파스와 종이를 아이 손에 쥐어 준 채 스마트폰 등을 보면서

크레파스로 재밌게 그림을 그린 아이의 손을 신속히 닦아주자. 아이의 건강을 지키는 바른길이다.

다른 행동을 한 경험이 있다면 반성하고 앞으로는 계속해서 아이들을 지켜보고 있어야 한다. 혹시나 크레파스를 입에 넣거나, 크레파스가 묻은 종이면을 손으로 만지지는 않는지 주시하다가 사용이 끝났으면 손을 바로 닦아줄 수 있는 수 있는 신속함이 필요하다. 내 몸이 약간 수고스럽더라도, 아이에게서 소중한 크레파스를 뺏는 것보다는 낫지 않을까.

10

주방의 역습

충격적인 조사 결과가 나온 적이 있다. 우리나라 여성 폐암 환자 중에서 약 80%가 비흡연자라는 사실이다. 우리는 그동안 각종 금연 캠페인을 통해서, 흡연을 하면 여러 암에 걸릴 확률이 높으니, 꼭 금연을 해야 한다는 메시지를 수없이 접해왔다. 특히 여러 암들 중에서 폐암에 걸릴 확률이 높아진다는 얘기는 많이 들어봤을 것이다. 그런데 여성 폐암환자들 중 80%가 비흡연자라니! 담배가 안전하다는 얘기는 물론 아니다. 흡연 시 폐암 등 각종 암 발생 확률이 높아지는 것은 엄연한 사실이다(국제암연구소 기준으로 흡연과 간접흡연은 1군 발암물질이다).

금연만 하면 폐암에서 자유로울 것이라는 생각이 문제인 걸까? 어째서 담배를 피우지 않아도, 폐암에 걸리게 되는 것일까? 선천적 요인, 즉 유전을 원인으로 꼽을 수 있겠으나, 최근에는 후천적 요인인 생활습관이나 환경 등을 살펴보는 연구가 진행되고 있다.

주방에서는 꼭! 환기가 필요하다

먼저 한국의 주방 환경을 살펴보면 꽤 불편한 진실에 마주하게 된다. 우리가 요리를 할 때는 식용유를 프라이팬에 둘러서 코팅하고, 그 위에 각종 식자재를 올려놓은 뒤 볶는 경우가 상당하다. 고기를 구울 때뿐만 아니라, 수많은 음식이 이 식용유와 함께 완성이 된다. 식용유로는 올리브유, 들기름, 참기름, 해바라기씨유, 카놀라유, 아보카도유 등이 널리 사용되고 있다.

이들의 발연점*을 살펴보면 올리브유, 들기름, 참기름 등은 200℃ 이하이고, 해바라기씨유, 카놀라유, 아보카도유 등은 200℃가 넘는다. 특히 아보카도유의 발연점은 270℃ 정도로 매우 높고, 해바라기씨유는 250℃, 카놀라유는 240℃ 정도로 높은 편이다. 그런데 우리가 사용하는 가스불의 온도는 800℃에서 1300℃ 사이이다. 결국 1000℃ 내외의 가스불에 노출된다면, 발연점이 제일 높다는 아보카도유조차도 분해되기 쉽다. 그러니 집에서 사용하는 다른 식용유들 역시 가스불 앞에서 속절없이 쉽게 분해가 된다.

기름이 분해되면 어떤 문제가 발생할까? 미세먼지나 초미세

* 발연점: 기름에서 연기가 나기 시작하는 온도, 즉 타기 시작하는 온도

먼지가 발생하는 것은 말할 것도 없고, 이산화질소(NO_2), 폼알데하이드 등과 같은 유해가스도 무척 많이 발생한다. 이산화질소는 자동차 배기가스의 주성분이며, 폼알데하이드 역시 대표적 발암물질로 알려져 있다. 결국 우리가 요리를 한다는 것은 자동차 배기가스를 들이마시는 것과 같은 것이다.

만약 지속적으로 이런 미세먼지, 초미세먼지 그리고 이산화질소 등과 같은 유해가스에 노출될 경우, 폐암에 걸릴 확률은 덩달아 높아진다. 후드 사용과 함께, 요리 시 환기는 필수라는 생각을 늘 해야만 한다. 아니면 답답하더라도 약한 세기의 가스불을 사용하거나, 온도 조절이 되는 전기렌지 및 인덕션을 사용해서 최대한 낮은 온도에서 천천히 요리하는 것도 폐암을 예방하는 좋은 습관이다.

가스불을 이용하여 조리할 때는 후드를 사용하는 것을 생활화해야 한다. 유해가스를 흡입하지 않도록 하는 최소한의 안전 장치이다.

오래된 건물의 유해가스들

자, 그럼 가스불 문제만 해결하면 모든 게 끝일까? 그 외의 장소는 괜찮은 것일까? 최근의 뉴스기사에서, 특정 아파트 상가에서 악취가 심하게 발생해서 공기질을 분석했더니, 크레졸cresol, 벤젠, 톨루엔, 폼알데하이드 등의 농도가 높게 측정이 돼서 큰 화제가 된 적이 있다. 크레졸은 두통, 어지럼증, 호흡곤란, 근무력증과 정신혼돈까지 일으킬 수 있는 매우 위험한 화학물질이다. 또한 벤젠에 고농도로 노출되면 현기증, 두통, 떨림, 혼란, 무의식 상태가 나타날 수 있으며, 심하면 사망에까지 이를 수 있다. 장기간 노출되면 백혈병도 일으킬 수 있다고 알려져 있는 매우 위험한 물질이다. 톨루엔은 중추신경계 이상, 어지럼증, 기억력 상실 등을 유발하고, 고농도로 노출되면 혼수, 영구적 뇌손상 등까지도 일으킬 수 있는 역시 매우 위험한 화학물질이다.

이러한 유해화학물질이 환기를 통해 배출되지 않고, 지속적으로 실내에 쌓일 경우 인체에 다양한 형태로 악영향을 일으킨다는 사실을 꼭 명심해야만 한다. 그럼 왜 이런 유해한 화학물질들이 실내 공기 속에 포함이 된 것일까? 매우 다양한 경우의 수가 있기 때문에, 일률적으로 말하기는 어렵다. 다만, 페인트나 각종 플라스틱 같은 화학제품들 속에서 잔류하고 있던 화학물질이 서서히 빠져나왔을 수도 있고, 지하주차장에서 발생한 각종 유해한 화학기체들이 여러 경로로 실내 건물층으로 서서히 유입됐을 가능성도 있다. 그리고 건물 내 식당에서 발생하는 유해가스들이 건물 밖으로 빠져나가지 못한 채 건물 내에 잔류하는 경우도 있을 수 있다. 앞서 말했듯이, 식용유와 가스불의 사용은 유해가스를 필연적으로 발생시킨다.

안타깝게도 오래된 건물에서는 제대로 된 환기시설도 갖추지 못했거나, 설령 갖추었다고 하더라도 사실상 무용지물인 경우가 꽤 많다. 정부당국은 늘 이런 사실을 인지하고, 관련된 법안 관리 및 지속적인 감독을 하기 바란다. 무엇보다 어떤 경우라도 수시로 환기해야 한다는 사실을 꼭 인지하고 실천하는 게 가장 중요한 길이라는 걸 꼭 기억했으면 한다.

11

생분해성 플라스틱의 멀고도 험한 여정

플라스틱 대란이다. 그렇지 않아도 대한민국은 플라스틱 사용량이 많은 편이었는데, 코로나바이러스 펜데믹으로 인해 일상적으로 음식을 배달시켜 먹게 되면서 엄청난 양의 플라스틱이 쏟아져 나오고 있다. 필지도 매주 재활용 쓰레기 분리수거를 하다 보면, 고작 일주일 사이에 생겨난 엄청난 양의 플라스틱 쓰레기에 매우 놀라면서도, 배달의 편의성을 쉽게 포기하지 못하는 스스로의 이중성을 발견하곤 한다. 아마 대다수의 독자들도 플라스틱 사용량을 줄여야 겠다고 생각하면서도, 배달 어플리케이션을 쉽게 포기하지 못하는 본인의 모습을 본 적이 많을 것이다.

분리수거만 잘 하면 되는 것이 아니냐고 생각할 수 있다. 그러나 플라스틱 쓰레기의 청결 상태에 따라서 재활용률이 결정되기 때문에 실제 재활용으로 이어지는 비율은 매우 낮으며, 상당수는 태우거나 묻는 방식을 택하고 있다. 한마디로 플라스틱을 사용하면 할수록, 환경은 오염되는 것이다. 전 세계적으로도 이에 대응하기 위해 많은 노력을 기울이고 있다.

환경을 위한 대안, 생분해성 플라스틱

이런 분위기 속에서 가장 관심을 받는 것은 바로 '생분해성 플라스틱'이다. 생분해란, 땅속의 박테리아나 다른 유기생물체에 의해 더 작은 크기의 물질로 분해되면서 결과적으로 환경에 무해한 상태까지 변하는 것을 말한다. 지금까지 개발된 생분해성 플라스틱에는 여러 종류가 있는데, 대표적으로 '첨가물 삽입 생분해성 플라스틱'이 있다. 이는 미생물 등에 의해 분해가 가능한 첨가물을 넣는 방식이다. 그래서 식물에서 추출한 펙틴pectin, 리그닌lignin, 녹말starch 또는 셀룰로스cellulose 등을 첨가하는데, 미생물이 이 성분들을 분해하면서, 전체 플라스틱의 분해를 촉진하는 원리이다.

이외에도 '광분해성 플라스틱'이라고 하여, 태양빛의 자외선이 조사되면 플라스틱의 조직이 약화되어, 낮은 분자량의 물질로 분해되는 플라스틱도 개발되고 있다. 최근에는 전체 플라스틱 중 일부만 생분해성을 갖는 것이 아니라, PLApolylactide 등을 사용한 100% 생분해성 플라스틱도 개발된 사례도 있다.

생분해성 플라스틱에도 한계는 있다

그럼 우리는 이제 안심하고 마음껏(?) 플라스틱을 사용해도 되는 것일까? 불행하게도 그렇지 않다. 먼저 생분해성 플라스틱과 일반 플라스틱을 분리하여 관리해야 하는데, 평소에 분리수거를 하는 경험을 떠올려 보면, 그렇게 하지 않고 있을 것이다. 현재 대부분의 지자체에서는 생분해성 플라스틱도 일반 쓰레기와 묶어서 함께 소각하고 있는 실정이다.

그리고 더 큰 문제는 따로 있다. 현재까지 개발된 생분해성 플라스틱의 경우, 땅에 묻은 채로 '최소 58℃ 이상의 온도'가 '6개월간 유지'돼야 90% 이상 분해가 된다. 하지만 이 기간만큼은 환경이 오염되는 것이 사실이며, 6개월이 지나도 100% 없어지는 것이 아니다. 전부 분해되기 위해서는 더 긴 시간이 요구된다. 뿐만 아니라 광분해성 플라스틱의 경우에도 완전히 분해되는 것이 아니므로, 결과적으로 환경오염이 모두 해소되는 것은 아니다.

따라서 생분해성 플라스틱에 대한 과도한 신뢰는 금물이고, 기본적으로 플라스틱 소비 자체를 줄이는 것이 환경을 위해 바람직하다. 그래도 10년 전과 비교해보면 생분해성 플라스틱의 기술력은 놀라울 정도로 발전했기 때문에, 앞으로 꾸준히 투자만 이루어진다면 지금보다 훨씬 더 진화된 생분해성 플라스틱이 개발될 것으로 기대된다.

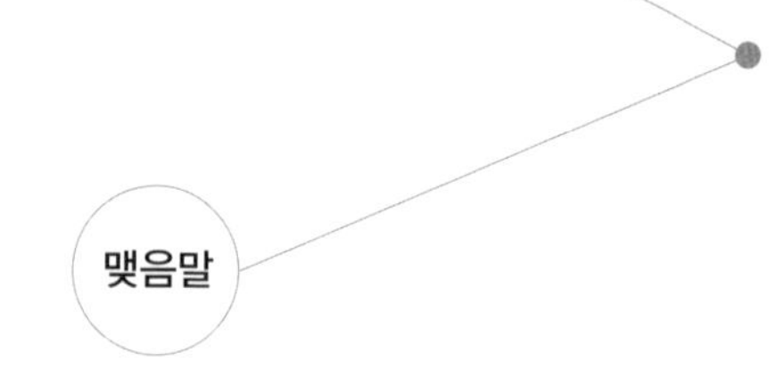

맺음말

"교수님, 해결책이 없으면 방송하지 마시죠."

꽤 오랫동안 필자의 머릿속을 맴도는 말이다. 필자는 그동안 방송에서 화학 분야의 자문이나 인터뷰를 꽤 많이 한 편인데, 기자, PD, 방송작가에게 자문을 해주는 과정에서 특정 물질의 위험성을 언급하면 이런 대답을 듣는 경우가 제법 많다.

그 이유는 몇몇 사건으로 쉽게 설명이 된다. 과거의 한 방송에서 '벌집 아이스크림'과 '대왕 카스테라'를 다루면서 해당 제품의 일부 문제점만을 언급했을 뿐인데, 순식간에 SNS 등을 통해서 관련 내용이 퍼져 나갔고, 결국 관련 업종이 사실상 사라지게 되었다. 이후로 방송계에서도 자성의 목소리도 커지고, 사소한 내용이라도 자영업자나 소상공인에게 피해를 줄 수 있다는 인식이 생기게 되었다. 이제는 방송을 제작할 때 이런 문제를 고려하기 때문에 무척 조심스러워졌다.

이 조심하는 행위는 우리가 한번쯤 같이 생각해볼 문제이다. 예를 들어, 앞서 언급한 숯불구이집을 생각해보자. 숯불구이집에서는 숯 안의 첨가제 때문에 이산화질소와 같은 유해 기체가 많이 발생하고, 이런 기체들은 폐에 치명적이다. 이런 사실을 주요 언론에서 약간만(?) 다뤄 주면, 숯불구이집은 대다수 폐업하거나 상당한 손실을 입을 것이다. 자영업자들을 위해서 이런 사실을 알고도 그냥 쉬쉬하는 게 맞는 것일까? 아니면 제대로 알려서 손님과 일하는 직원의 안전을 도모해야 하는 것일까?

또 다른 예를 들어보자. 음식점에서 짬뽕이나 우동을 담는데 사용하는 멜라민 수지는, 뜨거운 음식이 담기면 발암물질인 폼알데하이드를 쉽게 용출한다. 이 사실이 제대로 알려지면 대다수 사람들이 관련 음식점들을 꺼리게 될 것이고, 역시 해당 업자들은 큰 피해를 입게 될 것이다. 그렇다면 업자들의 손실을 막기 위해서 그냥 적당한 수위로 보도하고 말아야 하는 것일까? 아니면 제대로 보도하여 국민의 먹거리 안전을 도모해야 하는 것일까? 혹은 이런 문제를 해결할 수 있는 기술이 개발될 때까지 침묵하는 게 맞는 것일까?

어느 선택이 정답일지 독자들은 진지하게 생각해보기 바란다. 필자 역시 어느 선택이 정답인지는 모른다. 그렇지 않아도 COVID-19 때문에 어려움을 겪는 자영업자들을 위해서 입다물고 있는 게 맞는 것인지, 그래도 국민안전을 위해서 명확히 알릴 건 알려야 하는 것인지! 필자도 계속 고민할 테니, 독자들도 충분히 고민해보기 바란다.

기술을 속히 개발하여 관련 문제를 해결하면 되지 않느냐고 묻는 분들도 많다. 그러나 그건 "교수님, 해결책이 없으면 방송하지 마시죠."라는 말과 다름 아니다. 결국 기술이 개발될 때까지 제대로 알리지 말자는 의중이 숨어 있기 때문이다. 성능과 안전성을 만족하면서 가격 경쟁력까지 모두 갖춘 기술을 개발한다는 건 몹시 어렵고 지난한 일이다. 2030년쯤에는 이 책에서 언급했던 모든 내용들이 모두 해결돼 있기를 바랄 뿐이다.

참고문헌 및 사이트

1장 우리의 피부, 괜찮은 걸까?

1 K.P. Lee, H.J. Trochimowicz, C.F. Reinhardt, “Pulmonary response of rats exposed to titanium dioxide (TiO2) by inhalation for two years”, *Toxicology and Applied Pharmacology*, 1985, 79, p.179

2 Inhalation Toxicology, 1995, 7, p.533

3 Occupational Health and Safety (OHS) MSDS

4 United States Environmental Protection Agency, Office of Pesticides and Toxic Substances, #06940001000, 1994.

5 K. E. Andersen et al., “Multiple application delayed onset contact urticaria: possible relation to certain unusual formalin and textile reactions?”, *Contact Dermatitis*, 1984, 10, pp.227-234

6 식품의약품안전평가원 독성정보제공시스템

7 정진철, 『생활 속의 화학과 고분자』, 자유아카데미, 2010.

8 “Effects of butyl paraben on the male reproductive system in mice”, *Archives of Toxicology*, 2002, 76, p.423

9 박명윤, 『파워푸드 슈퍼푸드』, 도서출판 푸른행복, 2010.

10 A. M. Hormann et al., “Holding thermal receipt paper and eating food after using hand sanitizer results in high serum bioactive and urine total levels of bisphenol A(BPA)”, *PLoS One*, 2014, Oct 22;9(10):e110509

11 *IARC Monographs* Preamble(2019)

2장 우리의 음식, 안전한 걸까?

1 채범석 외, 『영양학사전』, 아카데미서적, 1998.
2 『생명과학대사전 개정판』, 도서출판 여초, 2014.
3 한국식품과학회, 『식품과학기술대사전』, 광일문화사, 2008.
4 전수미, 『감자』, 김영사, 2004.
5 세화 편집부, 『화학대사전』, 세화, 2001.
6 식품의약품안전평가원 독성정보제공시스템
7 Banks WA, Kastin AJ; Neurosci Biobehav Rev 13 (1): 47-5 (1989)
8 과산화수소 물질안전보건자료(Material Safety Data Sheet), 에어리퀴드사
9 성주창, 『도금기술 용어사전』, 도서출판 노드미디어, 2000.
10 윤용현, 『전통 속에 살아 숨 쉬는 첨단 과학 이야기』, 교학사, 2012.
11 A. I. Walker, "Toxicity of sodium lauryl sulphate, sodium lauryl ethoxysulphate and corresponding surfactants derived from synthetic alcohols", *Food and Cosmetics Toxicology*, 1967, 5, p. 763
12 OHS MSDS, Elsevier MDL
13 "인도, '납 라면' 파문 네슬레에 1억불 소송", <연합뉴스>, 2015. 08. 12
14 G. O. B. Thomson et al., "Blood-lead levels and childrens behaviour results from the Edinburgh lead study", *J Child Psychol Psychiatr*, 1989, 30, p.515
15 R. Shukla et al., "Lead exposure and growth in the early preschool child: a follow-up report from the Cincinnati lead study", *Pediatrics*, 1991, 88, p.886
16 D. M. Fergusson et al., "The effects of lead levels on the growth of word recognition in middle childhood", *Internat J Epidemiol*, 1993, 22, p.891
17 Mrgreen71, CC BY-SA 3.0 <https://creativecommons.org/licenses/by-

sa/3.0>, via Wikimedia Commons

3장 우리의 쉴 곳, 편안한 걸까?

1 한국식품과학회, 『식품과학기술대사전』, 광일문화사, 2008.

2 David E. Goldberg, 『Fundamentals of Chemistry』, 5th edition, MacGraw Hill, 2006.

3 환경용어연구회, 『환경공학용어사전』, 성안당, 1996.

4 채범석 외, 『영양학사전』, 아카데미서적, 1998.

5 정진철, 『생활 속의 화학과 고분자』, 자유아카데미, 2010.

6 경상북도 소방학교 자료

7 LG화학 PVC resin 자료 (2012년)

8 식품의약품안전평가원 독성정보제공시스템

9 Rom, W. N. 『Environmental and Occupational Medicine』, 2nd edition, Boston, MA: Little, Brown and Company, 1992, p.155

10 G. O. B. Thomson et al., "Blood-lead levels and childrens behaviour results from the Edinburgh lead study", *J Child Psychol Psychiatr*, 1989, 30, p.515

11 R. Shukla et al., "Lead exposure and growth in the early preschool child: a follow-up report from the Cincinnati lead study", *Pediatrics*, 1991, 88, p.886

12 D. M. Fergusson et al., "The effects of lead levels on the growth of word recognition in middle childhood", *Internat J Epidemiol*, 1993, 22, p.891

케미스토리

일상에서 만나는 화학에 대한 오해와 진실

1판 1쇄 펴냄 | 2021년 9월 1일
1판 2쇄 펴냄 | 2022년 6월 17일

지은이 | 강상욱
발행인 | 김병준
편 집 | 유재국
디자인 | this-cover.com
마케팅 | 정현우
발행처 | 생각의힘

등록 | 2011. 10. 27. 제406-2011-000127호
주소 | 서울시 마포구 독막로6길 11, 우대빌딩 2, 3층
전화 | 02-6925-4184(편집), 02-6925-4188(영업)
팩스 | 02-6925-4182
전자우편 | tpbook1@tpbook.co.kr
홈페이지 | www.tpbook.co.kr

ISBN 979-11-90955-26-3 03400